トリュフの真相

世界で最も高価なキノコ物語

underground

A Tale of Mystery, Mayhem, and Manipulation in the Shadowy Market of the World's Most Expensive Fungus

Ryan Jacobs

ライアン・ジェイコブズ　清水由貴子 訳

エミリーと、推敲作業中に生まれたオリーブに

THE TRUFFLE UNDERGROUND
A Tale of Mystery, Mayhem, and Manipulation
in the Shadowy Market of the World's Most Expensive Fungus

by Ryan Jacobs

目次

＊著者による注釈

本書に登場する人物および場所はすべて実在のものであり、文中で紹介するエピソードは実際の出来事である。名前は変えていないが、情報源は匿名としたものもある。犯罪や悪事は直接取材することが困難であるため、私が居合わせていない現場については、被害者、警察、その他信頼できる情報筋に対する膨大なインタビューをもとに再現した。それ以外の関連資料は巻末に一覧を掲載した。

歴史、情報提供者の記憶、業界の秘密に埋もれた些細な点は、判明している事実に照らし合わせて推測した。とりわけ19世紀初め〜半ばに関する章は、当時の数少ない記述によって補足している。こうした仮定については、できるかぎり読者を現実に起きたことに導くために慎重に考慮を重ねた。

調査の大部分はフランス語およびイタリア語の通訳を介している。混乱を避けるために、英語で行ったインタビューと外国語によるインタビューは、ストーリーに直接関係する場合を除いて区別していない。

悪いことをしたら悪い結果にしかならないと、誰が決めたのか？　もしかしたら、間違った方法が正しいこともあるのではないか？　間違った道を選んでも、自分が望むところに出られるときもあるのでは？　あるいは、別の言い方をすると、間違ったことばかりやっても、それが正しかったということもあるのでは？

――ドナ・タート『ゴールドフィンチ』（２０１３年）よりボリスの言葉

まともな食べ物、まともな食事とは、血と器官、残虐な行為と腐敗の問題である。

――アンソニー・ボーデイン（ザ・ニューヨーカー誌、１９９９年）

プロローグ

アンダーグラウンド

熱のこもった岩だらけの黒っぽい土の中で、無数の菌糸が渦を巻いている。これらは長い年月をかけて回旋状に伸びながら、宿主の木に返すための養分を探し続けているのだ。そもそも菌糸が木の根と出合うまでには30年かかり、その間に何度となく、信じられないような出来事が起こる。さらに、土の中を掘り進んで融合する相手の菌糸を見つけるには運も必要だ。

だが、運よく見つかれば、春にはこの運命の結びつきから目に見えない結び目が形成される。これは原基という組織のかたまりで、顕微鏡で見ると、くしゃくしゃに丸めた毛糸の玉のようだ。この微細な細胞は、数週のうちにより複雑になり、構造が明らかになる。皮のような部分が見えてきて、白い糸状のものが黒い内部に大理石の模様を描きながら広がるのだ。そうして、まだ熟していない小さなトリュフができる。夏になり、太陽の光が土に降り注ぐようになると、トリュフは暖かな眠りに落ち、夏の終わりに巨大な嵐雲が近づいてくるのを待つ。

初秋のある日、木々のてっぺんに稲妻が突き刺さり、雷の轟音が森を覆う。やがて雨が降り出し、木の葉から滴り落ちる雨粒が土の表層に染み込んで根域に達する。突然の洪水に菌糸の細胞は目覚め、新たに成長を始める。

初冬のある晩、湿気や温度、はたまた魔法の合図が地中に届き、トリュフの内部で胞子が生まれる。成長した細胞は掃除機のように土壌の水分を吸い始め、実をふくらませて成熟させる。

そうして初めて、香り高い食用のトリュフが地中に誕生するのだ。

しかし地上のどこかでは、また別のアンダーグラウンドが待ち受けている。

第I部

畑・泥棒

真珠の本質は人間の本質と混じり合い、奇妙な黒い残りかすが沈殿した。ふいにすべての者がキーノの真珠と結びつき、キーノの真珠は彼らの夢、憶測、陰謀、計画、未来、願望、必要、熱望、渇望となり、それを阻む唯一の人間がキーノだったので、彼はいつの間にか全員の敵となった。その知らせは町の果てしなく黒く邪悪なものを煽り立てた。その黒い精髄はサソリのようだった。あるいは食べ物のにおいを嗅いだときの飢え、愛情が抑えられたときの寂しさのようだった。町の毒袋は毒を作り始め、その圧力で街は膨らんだ。

——ジョン・スタインベック『真珠』（１９４７年）より

第1章
黒いダイヤの盗賊

あたりが暗くなると、窃盗団は天井の空気ダクトから縄梯子を垂らし、あるいはトラックで倉庫の壁を突き破る。屋根によじ登り、錠を壊して、冷蔵庫の扉を剥ぎ取る。暗視ゴーグルを装着してオークの林に忍び込み、ライフル銃を持った見張り役が立つ。彼らの犬が細長い木々の間を静かに進み、その鼻先が獲物のにおいを求めて白亜質の土を嗅ぎ回る。犬の足が地面を引っ掻き始めると、男たちは焼け跡のような場所に駆けつけ、手早く、だが正確に浅い穴を掘る。そして袋がいっぱいになると、タイヤを軋ませて、月明かりに照らされたブドウ畑を過ぎ、田舎町に出て暗闇へと消える。

彼らの目当ては現金でも、宝石でも、美術品でもない。トリュフだった。

２００５年、フランス南部モン・バントゥの荒涼とした山頂に冬の朝日が昇るようになる頃には、プロバンスの最高級の黒い冬トリュフ（市場価格は1キロ当たり５００～６００ユーロ、時には１０００ユーロにもなる）は、倉庫や仲買業者の冷蔵庫、そして何よりもボクリューズ県の農家が胞子の植菌されたオークの苗木を希望とともに植えた一帯から、消えてなくなっていた。フランスの警察組織である国家憲兵隊に被害届が出されたが、広範囲の農地で無作為に発生する窃盗事件は、本格的な警備体制を敷くことが難しく、なかなか解決には至らなかった。村の警察が乗り捨てられたトラックや盗まれたロープを発見することもあったが、肝心のトリュフは見つからず、有力な手がかりも得られなかった。

アメリカ人はトリュフを、霧深い森を探し回って見つけるものだと思っているが、実際には、フランスの黒冬トリュフの大半は、南部の田舎村の近郊に広がるオークの人工林で少量が収穫され、収穫量も一定ではない。生産農家はトリュフを探すことに変わりはないが、少なくとも探す場所は見当がついている。盗人たちと同じように。

この地方の2大トリュフ市の開催地、カルパントラとリシュランシュの狭い通りでは、生産農家が不法侵入の最新情報を交換し、明日はわが身と不安に駆られていた。何千ユーロ、何万ユーロにも及ぶ売上の損失によって、彼らの冬は厳しいものとなる。トリュフの他には、栽培するものも売るものもないからだ。しかも窃盗犯が無造作に穴を掘るせいで、トリュフの胞子と宿木の根の繊細な共生関係が破壊され、その結果、農家は生涯の収入を断たれて、人間と、自然が支配する林との間に何年、何十年にもわたって築かれてきた神聖な関係も侵されるのだ。地中に埋まった宝物を掘るのは、木を植え、水をやり、枝を下ろし、常に世話を欠かさなかった生産者の特権である。トリュフの収穫の難しさや、掘り返した穴に湿った土をかけておくことの大切さを知っているのは、彼らだけだ。

やがて、噂は被害妄想や不安を生み出した。生産者は嫉妬深い隣人や競争相手を疑い、猟銃を手に、寒い冬の夜中に林を見回り始めた。

用心して収穫物に保険をかける者もいた。すでに保険に入っていた被害者は損害賠償を請求し、ある業者には、警備システムの強化を条件に7万6000ユーロが支払われた。システム強化の必要性を説く保険会社の口ぶりは、まるで田舎者がシャガールの貴重な絵画を展示したり、カルティエの特注の腕時計を身につけたりして、突然、身の危険にさらされたかのようだった。

だが、行方不明となった黒冬トリュフは、盗まれた宝石とは訳が違う。フランスでは「黒いダイヤ」や「黒い真珠」とも称される黒トリュフ（Tuber melanosporum）は、高級料理の世界で最も素晴らしく、最も珍しく、最も貴重な食材と言われている。

たとえ犯罪とは関わらなくても、胞子からトリュフとして皿に出されるまでの道のりには、不確実な生育、経済競争、わずかひと削りでも文明社会の奇跡の印と見なされるがゆえの物流の難しさ……といった問題が山のようにある。生産農家が栽培に適した土に植菌した苗木を植えてから、宿木の下に子実体が形成されるまでに約10年。その後も、夏の暑さ、枝下ろし中の事故、さらには説明のつかない不運によって、栽培に失敗する恐れもある。トリュフの生育については長年研究されているものの、いまだに全容は明らかになっていない。この１００年間で、フランスにおける収穫量は大幅に減少した。大きな理由は、２度の世界大戦と、その後の農村開発、降水量の減少、気温の上昇によるトリュフ農園の破壊や閉鎖である。少なくとも、トリュフ研究者の多くがそう考えている。20世紀の収穫量に戻すために、生産者がなぜこれほど苦労しているのか、その理由を本当に理解している者は誰もいないようだ。

トリュフが成熟しても、探せばすぐに収穫できるわけではない。多くの作物とは異なり、トリュフには決まった収穫時期がない。数カ月にわたり、林のあちこちに思い出したように現われ、外側から見ただけでは、その在りかを示す手がかりもない。生産者は大金を払って、特別に訓練された犬を連れ、土に埋まった黒い球のにおいを嗅ぎつけるまで林の中を歩き回る。そして犬が示す場所を1カ所ずつ掘っていくが、空振りに終わることも多い。運よく収穫できたものは、犬の口から取り出し、市場へ運び、仲介業者に接触して価格を提示するが、相手は厚かましくも値切ってくる。それも、そのトリュフの形や品質が一定の基準をクリアしていると判断した場合のみだ。スマートフォンが普及したこの世の中において、何と時代錯誤な取引方法だろう。

取引が成立すると、トリュフは時に秘密の裏ルートを通って、通常は36時間以内に、仲介業者の手からレストランの厨房へと届けられる。トリュフは雲のように儚い。1分が過ぎるごとに縮み、香りや風味は消え失せ、端のほうから腐っていくのだ。まともなレストランなら、収穫から10日以上経ったトリュフを買うことはない。

毎年冬になると、世界的に有名な高級料理店のシェフは、この限られた食材を競って手に入れ、厨房に届くとすぐに自分の目で品質を確かめてから、熟練の宝石鑑定士が最後に磨きをかけるがごとく、正確かつ入念にトリュフを添える料理に取りかかる。そして仕上げに、ごつごつした黒いかたまりが、しばしばテーブル上で、バターをたっぷり使ったタリアテッレや放し飼いの鶏の卵、フォアグラの上に削られる。1皿につき100ドル以上もの値段で。黒い断面があらわになった薄片には、白いマーブル模様が燦然と輝いている。だが、かたまりの状態のトリュフは、森の小人の〝落とし物〟に見えなくもない。

トリュフを前にすると、人が変わったようになることもある。音楽プロデューサーのパフ・ダディは、マンハッタンの三ツ星フランス料理店〈ダニエル〉のシェフ、ダニエル・ブリューに向かって「あのアバズレを削ってくれ」と言い放ったという。俳優で司会者のオプラ・ウィンフリーは、自分とアシスタントと警備担当者に十分な量のトリュフ塩をスーツケースに詰めたことを確かめるまでは、頑として旅行に出発しない。2010年、国際的なチャリティオークションにおいて、マカオのカジノ王ことスタンレー・ホーは大きな高級白トリュフ（通常1キロ当たりの卸売価格は7000ドル以上）2個を33万ドルで落札した。表面が滑らかで淡い黄褐色の白トリユフは、栽培することができず、世界中でもわずか数カ所にしか自生していないという稀少なものだ。富豪たちは、昼食に新鮮で大きな白トリュフを食べるためだけに、モンテカルロから北イタリアまでヘリコプターを飛ばすようパイロットに命じ、ウエーターに１５００ユーロものチップを渡す。購入前に品質をチェックするためだけに、フロリダの豪邸からニューヨークの倉庫へ飛んでいく者もいる。

だが、トリュフの魅力を誰にでもわかるように説明しようとすると、どんなに辛辣な料理評論家でも、よだれを我慢できないロマンチストとなってしまう。タイム誌でコラムを執筆していたジョシュ・オザースキーは生前、白トリュフの香りは「失われた青春や昔の恋愛といったほろ苦い思い出」をよみがえらせると記した。それによると、トリュフは「切望し、語り、夢見て、そのために貯金せずにはいられない気持ちにさせる。季節による違いはあるとしても、誰もが好きなときに好きなものを手に入れられる世界では、その稀少性は異彩を放ち、人の心を虜にするだろう」。

経験豊富なシェフやトリュフ業界の関係者に、このキノコの味や香りを尋ねるのは、聖職者に向かって、なぜ神を信じるのかと尋ねるようなものだ。いくつもの言葉や表現はあるが、いずれも象徴的なものにすぎない。トリュフの香りは冷たい山の空気であり、森や落ち葉であり、湿った土でもある。その味は、そうした野生の香りに見合うものだが、それだけにはとどまらない。トリュフというのは、たとえそこに行ったことがなくても、それが採れた場所に思いを馳せることができる数少ない食べ物である。言ってみれば、何年にもわたる自然の働き、早朝のトリュフ犬の活躍、心躍る発見の瞬間を食べているのだ。だが、それと同時に秘密、謎、危険をもまた口にしている。

魔法や宗教を信じない人でも、トリュフを食べれば考え直すかもしれない。南フランスでは、トリュフに対する畏敬の念は熱狂的な宗教にも似ている。現地の生産者や業者は、自分たちは「トリュフの中で生まれた」と誇らしげに言い切る。あたかも、洗礼式で水ではなく土を注ぎかけられたかのように。毎年トリュフのシーズンが始まる11月15日以降の最初の土曜日になると、ブラックダイヤモンド騎士団という地元生産者の同好会メンバーは黒いローブに身を包み、リシュランシュの通りを練り歩く。この村では毎週、トリュフの売上高は30万ユーロにものぼる。団長が収穫および市場の開始を正式に宣言すると、3月まで続くシーズンが幕を開ける。1月の第3日曜日には、トリュフ生産者の守護聖人である聖アントワーヌに敬意を表し、住民はトリュフミサに参列して、その年の豊作を神に願う。ミサを執り行うのは、村のトリュフ博物館の館長によれば、「フランスで最も幸福な司祭」だ。博物館の掲示には、「献金用の籠が回ってくると、生産者はその週に収穫した中で最高のトリュフを捧げ物として入れるのが習わし」とある。

犯罪者が目をつけたのは、この田舎の村だった。ひょろ長いオークの林、鮮やかなラベンダーの野原、一面に広がるブドウ畑に囲まれ、ユニークな伝統とロマンチックな理想が息づく静かな村で、ほどなく誰もが、生産者、仲介業者、そして大手販売業者でさえも、盗難の憂き目に遭うことになる。

ボクリューズ県のトリュフ生産者は、少なくとも19世紀以降、近隣住民による盗難被害に悩まされてきた。彼らは土地の境界線を越えてはトリュフを掘り出し、捕まると、ついうっかり立ち入ってしまったと言い訳をしたものだった。ところが20世紀になると、単なる出来心による犯罪では済まなくなる。窃盗犯は何キロにも及ぶ一帯を探し回り、林全体が遺跡の発掘現場と化した。広範囲にわたって順々に標的を定める際に、犯人たちはどうやら偵察員やスパイを雇ったらしく、野生のキツネのごとく必ず夜間に、目にも留まらぬほど素早く移動した。まれに出くわすと、彼らは武器をちらつかせた。次第に生産者たちは、広域のネットワークを持ったプロの窃盗団の仕業だと考えるようになった。

「マフィアだ」。黄色のパーカーをはおり、ぼさぼさの髪にもみあげを生やした丸顔のトリュフ生産者ニコラス・バライエルは、普段は気さくな酔っ払いのような雰囲気だが、組織的な窃盗の可能性について問われると、たちまち険しい表情になった。彼にとって、そうした集団の存在は疑念ではなく確信だった。何しろ、さんざん手痛い目に遭ってきたのだ。

１９８０年代半ばのクリスマスの朝、敷地内の質素な家に強盗が押し入り、ニコラスの叔父アンドレのこめかみに冷たい銃を突きつけた。犯人たちは現金と収穫したばかりのトリュフを奪い、叔父の車に乗って逃げた。だが、それから年月が流れるうちに、手荒な単独犯行は、まるで軍隊のように鮮やかな襲撃へと進化していく。「組織的な犯行だ」とバライエルは憤りを隠さない。「総勢20人が、夜中に大きな懐中電灯を手に訓練された犬を連れて侵入してくる。唯一の解決策は、可能なかぎりトリュフの林に行くことだ。防犯対策なら銃を持っていくことができるから」

ブラックコッカースパニエルとスプリンガースパニエルの雑種犬で3歳になるメラノ（黒トリュフを指す「Tuber melanosporum」に因んで命名）が、黄色いリードを引っ張りながら、シラー、グルナッシュ、ムールベードル、カリニャンを栽培している広大なブドウ畑と、6カ所のトリュフ栽培地を囲む、緑の葉が鮮やかなひょろ長いオークの木々の間の道を勢いよく進んでいく。全体を隈なく回るだけでも2日はかかるため、盗まれる前に収穫するのはひと苦労だ。メラノはしきりに尻尾を振っているが、結局、日が暮れるまでに期待の持てる香りを嗅ぎつけることはなかった。月は大きく欠け、若いメラノは、ニコラスの言う「ほうき」（命じられなくてもトリュフを掘り出して、元に戻すことができる犬）ではなかった。ひょっとしたらメラノは、シーズン中の収穫時ほど期待されていないことを感じ取っていたのかもしれない。

沈みゆく太陽が、空の薄明かりや彼方の整備された農地をかき消すなか、ニコラスは自警団の活動について話してくれた。かつて、被害届や苦情が殺到し始めた時期に、フランス憲兵隊は夜間のパトロール強化を怠り、それ以来、生産者たちは国には頼れないことを思い知らされてきた。前回、リシュランシュの近郊で窃盗犯（地元のワイン醸造家だった）が逮捕された際には、懲役が免除され、犯人は罰金を支払い、犯行に使った犬を没収されるだけで済んだ。被害者のトリュフ生産者は腹の虫が収まらなかった。逮捕から2カ月後、ワイン醸造家は報復を受ける。ある朝ワイナリーに行くと、夜のうちにすべてのタンクからワインが抜かれていたのだ。

海外の新聞や雑誌で気になる見出しを見つけるたびに、とりわけミステリーのにおいがする場合に、記事を保存する習慣がなければ、フランス南東部の小さなトリュフ村を巡って、田舎の些細な窃盗事件を調べようなどとは思わなかっただろう。だが、評論誌アトランティックの国際部記者だった２０１３年、私はドイツのシュピーゲル誌でワクワクするような記事を見つけた。「ドイツの森でキノコ泥棒が逃走」。西部のバート・ミュンスターアイフェル郊外で、４人のポルチーニ泥棒が森林官の尋問を振り切り、車で撥ねて逃走したというのだ。警察の発表によると、「森林官が立ち上がろうとすると、車はバックしてきて彼の足を轢いてから停止した」。犯人のひとりはナイフを振り回し、仲間から「ボス」と呼ばれていたが、記事では、その男が謎の密猟グループに属している可能性を示唆していた。それを読むなり、私は手がかりを求めてイギリス在住のポルチーニ採集の専門家に国際電話をかけた。彼の意見では、ドイツで起きた事件は例外的とのことだったが、電話を切る前にこう言い残した。犯罪小説のような記事を書きたければ、トリュフ業界を調べてみるべきだ、と。

すべては、そのひと言から始まった。当時の私は、トリュフといえば、自分とは縁のない高級食材だという程度の知識しか持ち合わせていなかった。だが、その驚くほどの稀少性と途方もない価格が闇取引を助長しているという話を耳にするまでに、そう時間はかからなかった。料理人や個人客からの需要はとうの昔に供給量を上回り、収穫量が年々減少するにつれて（原因は生産地の気候変動と考えられている）、犯罪が大幅に増加していた。もともと市場では不透明な裏取引が行われていたが、経済的な低迷によって不正行為やスキャンダルが蔓延し、盗難だけではとどまらなくなった。脱税、産地偽装、大口詐欺、妨害、毒物、さらには暴力沙汰にまで発展することもあり、そこでは巧みな裏取引、衝撃的な裏切り、敵意をむき出しにした対立、数え切れないほどの嘘が、日常茶飯事となっていた。およそありえないような現実を暴き出すと考えただけで心が躍った。

私はそれまで国際的な炭素市場における詐欺やダイヤモンドの強奪事件を取材してきたが、トリュフにまつわる犯罪は、個人的な関係や恨みに基づくケースが多く、業界特有の風変わりな慣習を理解する必要があった。犯罪行為は一部で行われているのではなく、文字どおり皿が厨房からテーブルへ運ばれる瞬間まで、サプライチェーンの全過程に関わる問題であると言っても過言ではない。驚くほどさまざまな違法行為が、至るところで横行している。そのすべてに共通するのは、警察機関による監視が機能していないことだ。比較的リスクが低いにもかかわらず、信じられないほど高額の報酬を得られることもあるため、トリュフは欲望と残虐さが渦巻く犯罪の格好の標的となった。

特定の事実や出来事を調べようとして、あたかも鏡の家にいるような錯覚に陥ったことも一度や二度ではない。あらゆる方向にまばゆい光が反射している。一見、単純明快な事柄でも、情報源ごとに内容が矛盾した。取材を断られることも多く、運よく受けてくれた相手も、話が都合の悪い方向へ向かうなり、テープレコーダーのスイッチを切るよう要求した。業界を牛耳る勢力や、取引における暗黙のルールを打ち破ることの難しさについても、たびたび警告された。取材を始めたばかりの頃、ＩＣＰＯ（国際刑事警察機構）の犯罪情報部門のアナリストに話を聞く機会があった。彼は、ヨーロッパの広域に及ぶ食品偽装の摘発でラベルを貼り替えられたトリュフを発見したことがあり、トリュフやキャビアの詐欺行為と組織犯罪の関わりを調べているという。それを聞いて、私の脳裏にはさまざまな想像が駆け巡った。

だが、アメリカ人の頭の中のトリュフはまったく違う。それは伝統、儀式、物語から生まれた贅沢品だ。貴族の気取った嗜みや楽しみとして、まるまる1個のトリュフを料理に削ってもらうことは、アッパーミドルクラスの食通の間で憧れとなった。レストランの客は、もちろん伝説の味に対して料金を支払うが、それと同時に、そのメニューやウエーターが生み出す宇宙に、ほんの束の間、逃げ込むためにも金を払っているのだ。人間、犬、フランスとイタリアの小さな村近くの山々（白トリュフのアルバか、黒トリュフのペリゴール）、そして前日に発見されて運ばれてきた瑞々しいキノコが織り成す宇宙に。おそらく、それを注文したことも物語の一部を成し、友人たちに語られるだろう。単なる料理が、自らの優雅な感性や階級までを示すということも。そのおかげで料理はますますおいしくなる。残念ながら財布に余裕のない者は、羨望のため息をつかずにはいられない。トリュフはすっかり確固たる地位を築き、恋愛リアリティ番組「バチェラー」でのデートには欠かせず、安価なトリュフオイルのおかげで、いまや庶民的な店のメニューにも並ぶようになった。トリュフ風味のフライドポテト、トリュフ風味のマカロニチーズなど、何でもかんでもトリュフ味だ。マクドナルドは海外の進出先を選ぶ際に、トリュフマヨネーズを使って実験を行った。コストを抑えた高級な味というわけだ。

だが、業界が公にしている話、消費者の間で語り継がれている話が、事実ではなかったら？　オザースキーのように、日々夢見て、それを食べるためのお金を貯めているトリュフが、美しいプロバンスの芳しい産物ではなく、私たちが想像している以上に闇社会に関わっているとしたら？　消費者として、新鮮なトリュフを口にし、夢のようなひとときを味わうためなら喜んで大金を支払う、あるいはチェーン店のトリュフオイルを振りかけたフライドポテトに追加料金を払っても構わないという無意識の態度が、実際には大きな問題だったとしたら？　ひと削りのトリュフは、文明の驚異であると同時に、つまずき、不正行為、犯罪へのきっかけにもなりうる。そして、トリュフに舌鼓を打つ現代の美食家は、図らずも驚くべき詐欺の格好の標的となってしまった。

とはいうものの、業界関係者の大半は違法行為には手を染めていない。稀少な収穫物を真面目に取り扱っているだけだ。彼らはむしろ被害者で、容赦ない競争や経済的な困窮にもかかわらず、冒険、愛、伝統、えも言われぬ風味をひたすら追い求めているにすぎない。業界における犯罪を実証することで、私はその素晴らしさと、悪の流れに屈したほうがおそらく有利で、少なくとも利益を得られるとしても抵抗すると決めた人々の勇気を、より深く理解できるのではないかと考えた。

トリュフ業界の裏側は、一朝一夕では把握することができないのはわかっていた。トリュフにまつわる犯罪をこの目で確かめるためには、土の中から皿に至るまで、長く困難な道のりを追跡する必要がある。具体的には、柵に囲まれたトリュフ農園、特殊な歴史、謎に包まれた生態、野生の森林や丘、ごまかしが横行する市場、警察の複雑な捜査、企業間の熾烈な競争、そして高級レストランだ。それとともに、関係者の現状を明らかにしなければならない。そこで２０１５年秋、ちょうど白トリュフと黒トリュフのシーズンが重なる時期に、私は業界の虚偽を暴くべくヨーロッパへと向かう飛行機に乗った。

フランス・ボクリューズ県では、生産者の林で収穫されるトリュフは窃盗犯の食欲を満たしているだけではなかった。時には、仲介業者や卸売業者（何百という地元生産者から定期的に購入する）が格好の標的となることもある。２００５年、バライエルの従兄弟で、物静かで目が利く仲介業者のピエール・アンドレは、１５０キロもの盗難被害に遭った。シーズン中の毎週土曜日にリシュランシュの市場で見かけるような、珍しい宝石を値踏みするクリスティーズの鑑定士さながらの懐疑的な目をハンチングの下から光らせるような男が、だ。犯人たちは倉庫の屋根を壊し、縄梯子を垂らして、鍵のかかった冷蔵庫をこじ開けた。後日、縄梯子とともに、盗まれたトラックが乗り捨てられているのが見つかった。カルバントラスでは、強盗団が同業者の車を停め、盗品を渡すよう要求したこともあった。「まるで西部劇だ」。ある朝、ピエール・アンドレは愛車ゴルフ・ハッチバックのドアを開け、足早に近づいてくる生産者を待ちながら考え込むように言った。仲介業者の仲間内では、自分たちの扱っているトリュフの中にどれだけの盗品が紛れているかを見抜くことはもはや不可能だと言われていた。目まぐるしく競争の激しい市場では、業者は商品を判断するのに精いっぱいで、売り手に目を向ける余裕はない。

窃盗団の魔の手は、ピエール・アンドレの上客にも及んだ。カルペントラスとリシュランシュの間の郊外、ピュイメラ村の近くに本社を置く、プランタンという有名なトリュフ会社だ。ピエール・アンドレの150キロのトリュフが消えた同じ年のある冬の晩、車3台とトラック1台のグループが長い田舎道を走って、プランタン社の平屋の倉庫に乗りつけた。トラックは要塞を破壊する兵器の役割を果たし、倉庫の壁を突き破って、トリュフの仕分け場所に突っ込んだ。すさまじい金属音とコンクリートの崩れる音で、近隣の住民は目を覚ました。倉庫に押し入ったグループは手当たり次第にトリュフを運び出し、車に積み込んだ。盗まれたのは、ほとんどがシーズンオフに使用するための缶詰だったが、フレッシュトリュフも含まれていた。押し入ってからおよそ5分後には、窃盗団は40万ユーロもの戦利品を懐に入れ、猛スピードで田舎道を疾走していった。

1930年にマルセル・プランタンによって創立されたプランタン社は、国内のフレッシュトリュフ市場の大部分を占めるまでに成長していた。１９８６年にフランス人のエルベ・ポロンによって買収された同社は、ライバル会社とは異なり、黒冬トリュフとその缶詰を主力製品として、フランス、マカオ、日本、アメリカをはじめ、世界各国の高級レストランやホテルと取引をしている。一方で、白トリュフやトリュフオイル、トリュフクリーム、トリュフバターなど無数の関連商品（なかにはトリュフワサビもある）に関しては、イタリアの大手企業ウルバーニ・タルトゥーフィとサバティーノ・タルトゥーフィに任せていた。

トラックによる襲撃は、最初の被害ではなかった。エルベの息子で、プランタンの現・共同経営者のひとりであるクリストフ・ポロンは、少なくとも他に2度、強盗に入られたことを覚えている。いずれもクリスマスや正月で、黒トリュフの需要が最も高い時期だった。「そういうこともある。犯人がどうやって侵入したのかもわからないが」。倉庫を案内したあとで、ポロンはそう言った。円天井に吊り下げられた蛍光灯に、金属台、はかり、段ボール、そしてトリュフが照らし出されている。

会社のロゴが入った黒いエプロンにジーンズ、白い衛生キャップをかぶったポロンは、天才ビジネスマンのようでもあり、学校の食堂のスタッフにも見えた。小柄で痩せた身体におさまりきらないほどのエネルギーと、底抜けの明るさに満ちている。しばしば笑みを浮かべ、厄介な話題でも笑いが止まらなくなることが少なくない。歌うようなフランス語のアクセントは、まるで寄席芸人のようだ。市場でピエール・アンドレのような仲介業者と交渉したり、作業場で生産者から買付を行ったりしているとき以外は、世界中を飛び回り、高級レストランのシェフに自社のトリュフが一番だと売り込んでいた。

２００5年の盗難事件以降、保険会社はプランタン社に対して、もはや保険を適用できないと告げた。ポロンとエルベは、最も高価な商品を薄暗い地下の貯蔵庫に入れ、何の表示もない、金庫室のような分厚い金属製のドアを設置することにした。「銀行のようにはいかないが、万が一泥棒が入った場合でも、なるべく時間がかかるように、可能なかぎりの対策を立てた」とポロンは説明する。「泥棒を追い払うことはできなくても、手間をかけさせることはできるだろう」。それと同時に監視カメラが導入され、警備員も雇って、毎晩警備に当たるようになった。「いままでは万全の警備体制だ」

会社はこの２００5年の被害額40万ユーロを取り戻すことはできず、犯人も捕まらなかった。彼らはすでに買い手を見つけ、即座に売りさばいたに違いないとポロンは考えていた。犯人の心当たりはあるのか、と私は尋ねてみた。

「まったくない」とポロンは首を振った。「見当もつかない。同業者ではないとは思うが、真実は誰にもわからない。ただ、国内のライバル会社とはよい関係を築いている。市場で顔を合わせると、いつも話をするからね。たしかに互いに仕事のやり方は異なるし、市場では客を奪い合うが、私はとてもよい関係を築いていると思う。ほとんどの場合は」

ポロンが父親から会社を買い取った２００8年には、新しい警備システムは順調に作動するようになり、強盗事件は起きなくなっていた。だが林の盗難被害は増える一方で、毎晩のようにポロンの取引している生産者が狙われた。

ポロンは言う。「私は現場にいたわけではないから、あくまで聞いた話だが、組織化された、言ってみればギャングの仕業だ。ひとりが犬を連れて、残りは銃を手にして、あちこちで見張っている。本当にそんなことが起こりうるのか、いまだに信じられないよ。自分が生産者だったら、絶対に現場には駆けつけたりはしない。たかがトリュフのために殺されたら、たまったものではないからね」

泥棒からトリュフを守る唯一の効果的な手段として、ポロンはトリュフの採集をできるかぎり頻繁に行うことにした。「生産者は毎日か2日おきに林へ行ってトリュフを採集する。そうすれば、夜間に泥棒が来ても何も見つからない。そして、その場所には二度と来ないだろう。私にとっては、それが自分を守るための最善策なんだ。自分の商品を守るための」

第2章

林の中の死体

夕方6時少し前、トリュフ生産者の携帯電話に、赤外線カメラの鮮明な白黒画像が表示された。高さ2メートルほどの木の幹に取りつけられたカメラは、窃盗犯の視線よりも上に位置するため、赤く点滅する光には気づかれない。生産者はすぐさま、トリュフ監視部隊の専用回線で憲兵隊の最高司令官アンドレ・フォジェに連絡した。「来てください。たったいまカメラが作動しました。泥棒がいます」

それは2012年の大晦日のことだった。ボクリューズ県の北隣にあるドローム県のモンセギュール・シュル・ロゾン村からほど近い田舎道をパトロールカーで走っていたフォジェは、犯行が起きつつある現場へ急行した。数分後、またしてもフォジェの携帯電話が鳴った。犯人はすでに敷地内から逃走した。おんぼろの白いセダンはリシュランシュ方面へ向かったらしい。

フォジェは、日頃から情報を共有しているトリュフ生産者のグループ全員にメールで詳細を知らせた。彼らは窓やドアから栽培地をのぞき、犯人が自分の敷地に侵入していないかどうかを確かめた。

たまたまリシュランシュ郊外の環状交差点付近にいた何人かの生産者が、車の向かった方向を再び憲兵隊に報告した。その時点で、西側のサン・ポール・トロワ・シャトーおよび東側のバルレアス近郊の村々から憲兵たちが追跡に向かっていた。

やがて憲兵隊の車両は追いつき、窃盗犯は制限速度をはるかに超えて田舎道を飛ばした。急カーブに差しかかると、車は歩道に乗り上げ、トリュフ農園に突っ込んで止まった。

憲兵隊が車を止め、外に飛び出して事故現場に駆けつけると、犯人は１人ではなく２人だった。しかも、屈強な男たちではなく少年だった。一方は19歳、もう一方はわずか17歳だ。車の中からは黒冬トリュフ８００グラムが発見された。ティーンエイジャーにとって、これ以上ないほど劇的な夜は、８００ユーロと引き換えに幕を閉じた。

少年たちはフォジェの管轄であるドローム県からボクリューズ県に越境していたため、ボクリューズの憲兵が手錠をかけ、ふたりを留置場へ連行した。トリュフの窃盗に対しては、ボクリューズの法律はドロームよりもはるかに寛大だったため、逮捕から間もなく、犯人たちはわずかな罰金だけで釈放された。

フォジェは驚かなかった。年若い容疑者が逮捕されたのを見て、刑罰は軽いと予想していたのだ。アメリカと同じく、フランスの法律は未成年者に対して寛容な傾向にある。おそらく窃盗団のリーダーは意図的に少年たちを誘い込み、組織が摘発されるのを防ごうとしたに違いない。ライバルの生産者が夜間に相手の敷地内に忍び込むケースもあったが、フォジェのチームが逮捕した犯人の多くは大規模な窃盗団のメンバーで、その中心となっているのは、地方の村々を渡り歩いて暮らしているロマ民族だと考えられていた。北インドの民族にルーツを持つロマは、現在ヨーロッパ各地で生活しているが、どこの国でも除け者にされ、都市部の犯罪率が高いのはもっぱら彼らのせいにされていた。

15歳以下、なかには小学生の容疑者を発見した生産者もいる。次々と新たな実行犯が現われる。フォジェが逮捕した数少ない成人は、おそらく前科がないために選ばれた男で、未成年と同じく法律上の寛容が適用された。主犯格を捕まえないかぎり、窃盗を食い止めることは困難だった。

黒髪、浅黒い肌、茶色の目、剃り残しのないひげ、中肉中背。フォジェはどこから見てもハンサムだった。だが、極秘監視作戦を指揮する力量があるにもかかわらず、いささか野暮ったい印象を拭えない。壮大な物語よりも難しい本を読み、刑事というより図書館司書のようだったが、その人柄でトリュフ生産者の信頼を得た。口調はやさしく、冷静かつ穏やかで、同僚が退屈するような捜査も熱心に行う。フランス語の激しい発音を控え、たびたび言葉を切っては、自分を卑下するように笑みを浮かべてみせる。表情豊かなもじゃもじゃの眉が、独特の明るい雰囲気を生み出していた。トリュフ窃盗事件の専門捜査官であり、したがって神経を鎮めるのもお手のものだった。

フォジェの監視する地域には約2500のトリュフ生産者が集まり、国内の供給量の大部分を賄っている。しかも、それは表向きの数字にすぎない。生産者の多くは、実際の収穫量や収入を政府に報告していない。盗難被害を届けるためには、まずフォジェに対して、盗まれたものが自身の所有物であることを正式に証明する必要がある。私がフォジェに会ったとき、彼はライトブルーのポロシャツの上に、胸の部分に白い横線が入った憲兵隊の青い上着を、前のジッパーを開けてはおっていた。私が着くと、すぐにキッチンへ行ってエスプレッソを淹れてくれた。奥のほうでスプーンがカチャンと鳴る音が聞こえ、ほどなくフォジェは、小さな赤いカップを持って戻ってきた。取材を申し込む際にひと悶着あったため、てっきり腹を立てていると思ったが、そんなふうには見えなかった。その前日、ジョエル・バルテレミーという地元の生産者から、極秘任務については、フォジェはたとえ親友にも口を開かないだろうと聞かされていた。ところが、ふいに目の前に現われて、これから話そうとしている。私は喜んで耳を傾けた。

人口1500人の小さなグリニャン村の外れ、静かで狭い通りに建つ憲兵隊の駐在所は、ラベンダー畑、ブドウ畑、トリュフ栽培地に囲まれている。傾斜した瓦屋根のモダンなベージュ色の建物に、「憲兵隊」と記されたフランスのトリコロールの看板は、周囲の11世紀の石造りの壁やローマ瓦、パステルカラーの鎧戸のなかでひときわ目立つ。フォジェの執務室は金持ちのクローゼットほどの大きさで、私が訪れたときには、椅子と、もうひとりの憲兵のデスクで足の踏み場もないほどだった。壁は黄色で、窓枠はさらに濃い黄色。彼のデスクのそばに、ドローム県の境界をピンクの蛍光ペンでなぞった地域の地図が貼られている。パソコンには4ギガバイトのUSBメモリが差し込まれ、チェーン付きのラベルに「トリュフ」と記されていた。

常に謙虚なフォジェは、グリニャンの最高司令官に任命された時期を思い出せなかったようだ。彼は眼鏡を外し、唇を引き結んだ。とりあえず、数年前ということにしておこう。

フォジェが生まれ育ったのは、オフィスから20分ほどの距離にあるコミューン（基礎自治体）で、例のトリュフ窃盗犯の少年たちを追跡したサン・ポール・トロワ・シャトーの近くだ。グリニャンに着任する以前は、故郷や、同じくドローム県のシュズ・ラ・ルスという小さな村に勤務していたが、彼の任務には常に越境が付き物だった。２００1年ごろに憲兵隊に入ると、ほどなく生産者がひとり、またひとりと訪ねてきて、盗難被害を訴えるようになった。ある晩、こちらの栽培農家の畑が掘り返されたかと思えば、次の週には、あちらの農家が長らく待ちわびていたトリュフが盗まれた、といった具合に。

当時、ドローム県の憲兵隊はトリュフ窃盗犯を厳しく取り締まっておらず、生産者は自警団を結成して自分たちで作物を守らざるをえなかった。彼らは棍棒を手に、栽培地に行っては泥棒を待ち構えた。

暴力沙汰への懸念と、農家から寄せられる情報に動かされて、ついにフォジェは正式に監視体制を敷くよう働きかけることを約束した。そして内務省に申請書を提出した結果、承認を得たばかりか、最低限の監視装置の予算が下りた。生産者たちは飛び上がって喜び、窃盗犯を捕まえるためなら、できるかぎりの協力を惜しまないと伝えた。フォジェは自分たちと同じ田園風景のなかで生まれ育った。そんな彼を、誰もが信頼していた。

フォジェは農地を残らず回り、被害に遭った林をチェックした。夏になると、部下たちに徒歩や自転車でパトロールさせ、最も人気（ひとけ）のない地区で最も収穫量の多い場所を特定した。すなわち、窃盗犯が狙いをつける可能性が高い場所だ。そこは、水はけのよい土、丁寧な枝下ろし、適度に岩の多い土壌のおかげで、色鮮やかな葉が生い茂っていた。窃盗犯も同じ道を歩いて林を調べ、冬になったらどの木の根元を掘り返すべきか、目星をつけているに違いない。彼らに農地があれば、あるいはトリュフ菌を植えつけた苗木を買うことができれば、その鋭い観察眼を生かして、優秀なトリュフ栽培家になっていただろう。その証拠に、常に最高のトリュフが埋まっている場所を知っているようだった。

フォジェはトリュフ生産者組合のメンバーとなり、窃盗犯が犯行に及ぶ時刻や曜日を把握するために、赤外線カメラの購入を検討してほしいと頼んだ。生産者側は了承した。フォジェは毎年、前年の報告書を参考に犯人が狙う林を予測して、木の幹にカメラを設置する作業を手伝い、その周囲の数カ所にフレッシュトリュフを埋めるよう指示した。そうすれば犯人の連れた犬がそこを嗅ぎ回り、犯人の顔を鮮明に捉える確率が上がる、というわけだ。

トリュフのシーズンが始まる前に、フォジェは毎回、生産者を集めてミーティングを行っては、捜査への協力方法を説明し、意見を募り、万一侵入者に遭遇した場合に与えられている権利を伝えた。さらにフランス南東部を回り、現在は収穫量が減少しているものの、産地として名高いペリゴールまで足を延ばしてミーティングを開いた（大昔は、フランス南東部では多くのトリュフが採れ、19世紀後半に初めて国際市場が開かれた際には、フォアグラの缶詰の世界的な評判にあやかろうと、トリュフは産地を問わずすべて「ペリゴール」と呼ばれ、その名は現在も変わっていない）。またフォジェは、農地に「私有地」の札を立てるよう指導した。そうすれば、間違えて入ってしまったという窃盗犯の言い訳も通用しない。

正式にシーズンが始まると、憲兵隊は夜間のパトロール隊を編成し、狙われやすい地区を中心に見回りを行った。それでも被害は後を絶たなかった。「犯人は常にわれわれの一歩先を行っている」とフォジェは言う。寒くて暗い林の中での追跡劇はスリル満点だった。懐中電灯の光が交錯し、怒号が飛び交うなか、生産者たちは暗がりで瞬く間に犯人を見失ってしまう。相手が何人なのか、武器を持っているのかどうかもわからなかった。ほどなく敵は赤外線カメラの赤い光を探すことを覚え、憲兵隊が入手できるものよりも高性能の暗視ゴーグルを装着するようなった。

そのゴーグルは、20％の消費税がかからないスペインとの国境地帯で安く購入したものだと思われた。だが、憲兵隊は予算不足に喘いでいた。使用しているカメラは大型で、5年前の旧モデルだ。パトロールは主に徒歩、自転車、小型のパトロールカーで行う。数カ月間はヘリコプターやバイクを利用できたが、その後は返却せざるをえなかった。したがって、行動範囲はきわめて限られた。

生産者に追跡された犯人は、土を掘る道具や石を投げつけてきた。警告のために空に向けて発砲すると、向こうも撃ち返してくる。そのため、追跡を続けるリスクを考慮する間に取り逃がしてしまう。時には犯人側から先に撃ってくることもあった。とりわけオーク林の周囲を単独でパトロールする生産者は、次第に闇に潜む敵に恐怖を抱くようになった。自分の生活や長年の努力が、月明かりの下、ひと晩で消え失せてしまうのではないか。威嚇射撃で撃った弾が自分の胸に突き刺さるのではないか。そんな恐怖に駆られた。

フォジェたちは窃盗犯が武器を持っていることを前提とし、安全のために十分警戒して、容疑者1名につき、最低3名で追跡することにした。最近の例では、サン・レスティテュ村の近郊で4人の犯人グループを32名で追いかけた。うち17名は栽培地をパトロール中だった。

早い段階から、フォジェはトリュフ監視チームを密かに送り込む方法は諦めていた。犯罪者同士というのは同じにおいを嗅ぎ取る。憲兵隊が紛れ込めば、オーク林の反対側からでも気づくだろう。窃盗犯は時には栽培農家だと言い張ることもあったが、フォジェの部下も簡単に騙されるほど間抜けではなかった。

スパイ大作戦は避けたい一方で、すべての農家が全面的に協力してくれるわけではないと知っていたフォジェは、捜査にデジタル技術も採り入れることにした。フランスのトリュフ栽培農家のウェブフォーラム（生産者同士が栽培技術や収穫量、最新の不法侵入について情報交換をする場）にニックネームで登録し、こっそり探りを入れ始めたのだ。そして、そこで収集した情報や生産者の意見をもとに動向を分析した。憲兵隊は繰り返し狙われている地区にパトロール隊を配備し、ほどなくフォジェが最も警戒していたサン・ポールおよびシュズ・ラ・ルス一帯での窃盗事件は減少に転じた。

フォジェには秘密の協力者がいた。パトロール隊も、赤外線カメラも、トリュフ・フォーラムに参加しても突き止められない情報を提供する人物が。彼の名はエルネスト・パルド。丸太のような腕、樽のごとき上半身、短く刈り込まれた白髪交じりの髪、茶色のやさしい目に疲れをにじませた大男だ。2メートルを超える長身に110キロの巨体は、引退したアメフト選手に見えなくもない。もちろん手も滑稽なほど大きく、子どもの頭くらいある。そして、その足を見たら、伝説の未確認動物「ビッグフット」が現われたと思ってしまうだろう。パルドの祖先はロマ族で、トリュフ窃盗犯の容疑者の何人かは遠縁関係にあった。サン・ポールのありふれた近代的なアパートメントに妻子とともに暮らす彼は、昼間はパートタイムの救急隊員として働いていたが、名の知れた自動車・宝石泥棒という夜の顔も持っていた。夜の仕事場は、ほとんどが大都市のアビニョンで、誰が誰と組んでいるか、彼らが次にどこを狙うか、といった地域の犯罪事情にも精通していた。

　サン・ポールで育ったフォジェはパルドとは幼なじみで、同じ中学校に通い、共通の友人や級友も多かった。片や泥棒、片や警察官となったわけだが、結果的にパルドはフォジェのトリュフ捜査の情報提供者になった。ふたりは憲兵隊の駐在所を避けて街中で会い、パルドは窃盗犯の次の襲撃計画を伝えた。あたかも子ども時代に戻って、泥棒ごっこをしているようだった。ただし、今度は〝ごっこ〟ではなかったが。

　ふたりは頻繁に顔を合わせたが、フォジェが捜査の詳細や自身の見解を話すことはなかった。パルドは常に新たな手がかりを持ち込み、それは大抵、何らかの結果につながった。やがてパルドは、プロの情報屋としての地位を確立した。地元の村の憲兵に大規模な宝石店襲撃計画を伝え、北部のバランスから上級判事がわざわざ詳細を聞きにやってきたこともあった。

　だが、パルドは単なる情報提供者ではなかった。長年、協力関係を結ぶうちに、フォジェの真の友人となっていた。パルドは気のいい男だった。フォジェは彼の人となりを、フランス語の表現で「胸に手を当てている」と言い表わした。誠実で思いやりのある人間という意味だ。そんな彼が、盗みを働くはめになった。

　２０１０年ごろから、フォジェはトリュフ防犯マップを作り始めた。ドローム県の栽培農家の協力を得て、小さな赤い丸印が10カ所以上もつけられている。管轄地域内で最も狙われやすい場所だ。これらの栽培地では、複数回にわたって夜間に相当量を盗まれていた。一方で、地図を見ていたフォジェは、のどかなグリニャンには比較的、印が少ないことに気づいた。そこにはトリュフの林が多く、定期的に見回りも行っていたが、その地区の農家から盗難被害の届け出は1件もなかった。

そこで働く農民たちは、どういうわけか、その人里離れた小さな村では犯罪など起こらないと信じているようだった。というよりも、自分たちの牧歌的な生活を窃盗事件で台無しにされたくないと思っていたのかもしれない。沈黙が霧のごとく田園風景に立ち込め、村人たちを包み込んだ。ところがある日、強い北風が村に吹き込み、真実を隠す心地よいマントが剥がされた。

村の秘密はトリュフだけではなかった。グリニャンの住民は人付き合いを好まなかったのだ。私が訪ねたときには、フォジェがグリニャンに赴任して2年近くが経っており、他の村と同様、彼は定期的に農家に接触を試みていたが、なかなか地域社会に溶け込むことはできなかった。それどころか、地域社会そのものが存在しなかった。誰もが自分の家に閉じこもり、人の話に耳を傾けようとしない。プロバンスの一部の小さな村では、よそ者を受け入れないだけでなく、同じ村の住民にも心を閉ざす傾向があり、グリニャンはそうした村のひとつだった。

トリュフが豊富に採れることで、村ではますます人間関係が閉鎖的となり、物陰から何かが飛び出してくるのではないかと警戒心を強める結果となった。盗難の被害届がなく、生産者の名前さえわからないまま、フォジェは文字どおり暗中模索の状態だった。誰がパトロールを行っているのか、どんな行動計画を立てているのか、彼らがどれほど怒っているのかもわからなかった。だが、沈黙が激しい怒りへと形を変えるのも時間の問題だった。

ローラン・ランボーは、グリニャンの住民のご多分に漏れず物静かな男だった。銀行で資産管理の仕事をしつつ、一家の生活の足しにするために、シーズン中にはトリュフ農園を営んでいた。また、県の若手生産者の組合で代表を務め、ボランティアの消防団にも入っている。両サイドを刈り上げ、頭のてっぺんでカールしたこげ茶色の髪と大きな鼻が特徴で、ストレスを感じると唇を固く引き結ぶのが癖だった。妻はラベンダー畑を営み、そこでさまざまな製品の原料となる花を育てている。そしてランボーの父アルベールは、ブドウ園を経営していた。それぞれが互いに干渉しない、グリニャンの典型的な一家だった。

彼らは憲兵隊の駐在所の真向かいに住んでおり、窓から農地を見渡せた。一家は村の誰かと問題を起こしたことはなく、村人たちも彼らと争うようなことはなかった。他のトリュフ生産者と同じく、ランボーは毎週土曜の朝にリシュランシュの市場へ行き、採れたばかりの作物を販売した。さらにはピュイメラまで車を走らせ、プランタン社の倉庫でクリストフ・ポロンにもトリュフを直接売っていた。

２０１０年のシーズン中、グリニャン地区の栽培農家が朝起きてみると、林のあちこちに穴や足跡、掘り返した土の山が残されていることが何度も続いた。やがて一部の生産者の間で、この問題に関する噂が流れ始めたが、憲兵隊に被害を届け出る者はいなかった。毎日どこかの農地が狙われた。ランボーとアルベールは、次は自分たちのオーク林の番だと恐れるようになった。いくつかの農家は林に監視カメラを設置し、被害に遭った農地や、次に狙われる可能性の高い場所に関する情報を収集し始めた。ランボーとアルベールは毎晩、銃を手に交替で林を見回った。

ある夜、ランボーは林で侵入者に出くわしたが、向こうは脅しもかけずに立ち去った。別の日には、車が林に近づいてきたかと思うと、ぎりぎりまでランボーに迫ってから猛スピードで走り去った。やがて、一家は母親の車が車上荒らしの被害に遭っていたことに気づいた。

2010年12月20日、仕事を終えたランボーは、そのシーズンの多くの生産者と同じく不安に駆られ、夜の間に貴重な作物を失うかもしれないと考えて憤りを覚えた。太陽はラベンダー畑と彼方の丘の向こうに沈み、あたりは徐々に薄暗くなってきた。林にパトロールに行くかと父に尋ねられ、ランボーは12口径の散弾銃を取り出して土の小道を進み、ラベンダー畑とブドウ園を通って林へ向かった。歩きながら銃にカートリッジを込めた。

林の入口まで来ると、ゆっくりと動くシルエットと、その後ろに小さな影が見えた。男と犬だ。ランボーは驚いてとっさに身を屈め、銃を握りしめた。男が手にしている小さなものが拳銃かもしれないと考え、こちらの動きに気づかれないうちに思い切って発砲する。弾は腿に命中して、男は地面に倒れた。だが、どうにか立ち上がると、向きを変えて走り出し、林を抜け、農地を囲っている低い石垣のほうへ向かった。石垣の外側にシトロエンC15が停められていた。顔を見られないうちにバンに乗り込めば逃げられる。それを見越して、その場所に停めたのだろう。

だが、ランボーは再び引き金を引いた。

２発目は男の後頭部に突き刺さった。男はよろめいて倒れた。その身体はぐったりと石垣にもたれ、ひんやりした石に血が流れ落ちていた。駆けつけた弟のドミニクの助けを借りて、ランボーは取り乱しながら憲兵隊に連絡した。父のアルベールは親としての責任を感じ、憲兵隊が来る前に未登録の散弾銃を隠して、代わりに登録済みのライフルを置いた。

現場に到着した憲兵隊は、血を流して倒れている男を知っていた。フォジェの情報提供者、エルネスト・パルドだった。彼は武器を持っておらず、すでに死亡していた。憲兵隊はただちにローラン・ランボーを逮捕した。


サン・ポール・トロワ・シャトーの憲兵駐在所では、フォジェが心を痛めていた。とりわけパルドの未亡人と２人の幼い子どものことを思うと、胸が張り裂けそうだった。だが、それと同時に呆然としていた。昔なじみの情報提供者が、本物のダイヤだけでなく、いつの間にか協力関係を裏切って黒いダイヤを盗んでいたとは信じられなかった。パルドが野生のトリュフ狩りをしていたのは知っていた。昔のプロバンスの男はよく行っていたものだ。だが、まさか自分が捕まえようとしているトリュフ泥棒のひとりだとは夢にも思わなかった。おそらくパルドの違法行為はほとんどがアビニョンで、フォジェの地元に手を出すことはなかったに違いない。言ってみれば、暗黙の犯罪ルールを守っていたのだろう。つまり、近くではなく遠くで盗む。

この殺人事件はフォジェの職務にも影響を及ぼした。ランボーの2発の銃弾とともに、有力な内部の手がかりがほぼ消滅した。ほとんどの栽培農家や窃盗犯が銃を持っており、尽きることのない不安がさらなる悲劇を引き起こすのは明らかだった。個人的な感情と仕事上の打撃のどちらがフォジェに深手を負わせたのかはわからない。情報源を失ったことを話すときに、彼は涙を拭うようなそぶりを見せた。一方、検事のジルベール・エメリはランボーを殺人罪で起訴した。

私がランボーについて尋ねると、フォジェは眉を吊り上げた。本心を口にすることをためらい、恥じらっているようにも見えた。2013年からグリニャンで勤務しているものの、ランボー一家とは話をしたこともなかった。駐在所の真向かいに住んでいたにもかかわらず。事によれば、村の住民はあの一家を擁護するかもしれないとフォジェは考えていた。ランボーについては、「グリニャンの村と同じく排他的な男」という程度のことしか言わなかったが、彼の逮捕にはあまり同情しているようには見えなかった。友人を殺されたのだから無理もない。

対照的に、8代続くトリュフ栽培農家のジョエル・バルテレミーは、ランボーに同情を禁じえなかった。地元のトリュフ生産組合の会長を務めているバルテレミーは、狭い業界ということもあり、何年も前からリシュランシュの市場を通じてランボーと面識があった。事件の数日後、彼を中心にした200名近い生産者が、賛同者とともにグリニャンの街頭で抗議活動を行った。彼らはランボーの起訴に異議を唱え、度重なる窃盗犯の侵入を防げなかった警察の責任を追及した。近年グリニャン一帯では、林に残された足跡の大きさから「ビッグフット」と呼ばれる窃盗犯が話題となっていたのだ。

「事態はきわめて複雑だ」。バルテレミーはいつものように低い声で淡々と語った。シュズ・ラ・ルスに近い30エーカーの立派な林はすっかり暗くなり、昼間は人懐こい２匹のロットワイラー犬が唸り声を立てながら敷地をうろつき始める。「どこに行っても、その話題で持ち切りだ。しかし、人が殺されたということを忘れてはならない。問題は、なぜいまになってそのような事件が起きたのかということだ。真面目に働いている人間が、なぜ人を殺したのか」。バルテレミーの答えはこうだ。警察が適切な対策を怠り、大手を振ってのさばっている窃盗犯に対して自衛するしかない農家が追いつめられているからだと。バルテレミーに言わせれば、生産者が林に分け入って自由にトリュフを掘り出しているわけではないことを、犯人は理解していない。農地に忍び込む際に、彼らの頭の中にあるのは悠々自適な生産者であり、相手が常に不安に駆られているとは思っていない。寒さ、恐怖、暗闇、怒り、銃が良い結果を生み出すはずもない、というわけだ。いささか運命論的な考え方だが、筋は通っている。たとえランボーが引き金を引かなくても、別の生産者が撃っていただろう。

グリニャンで抗議活動が行われていた頃、パルドの故郷サン・ポールの街角にもおよそ３００

人が集まり、ランボーの行為に非難の声をあげていた。パルドは「犬のように殺されるいわれはない」と人々は記者に対して訴えた。

ランボーからトリュフを購入したことがあるポロンの考えは、どちらかというとフォジェに近い。「トリュフを売って生活している人がいるわけだから、トリュフを盗むのはテーブルからパンを盗むようなものだ。だからと言って、人を殺してもいいとは思わない。たとえ何があっても。世間では、人殺しを容認するとまでは言わないまでも、多くの人間がランボーを支持している。それだけ腹を立てているということだ。農家は守ってもらいたい。警察は現状を把握するためにパトロールを強化している。いまは状況を見守るしかないだろう」


ランボーの逮捕から数年後、グリニャン南西部のサン・レスティテュで再び窃盗事件が多発するようになった。捜査は相変わらず難航していたが、しばらくして、国内最大規模のトリュフ市が開催されるボクリューズ県南部のカルペントラスでロマの窃盗犯2名が逮捕され、北部における窃盗の動向について話すことに同意した。その情報をもとに、フォジェは4名の窃盗犯を逮捕した。

憲兵隊が引き続きロマから情報提供を受けていることを、ランボー一家は快く思わなかった。ランボーを刑務所送りにした窃盗犯の仲間が、いとも簡単に釈放され、しかもパルドと同様に裏切らないという保証はないのだ。言うまでもなく、情報提供はトリュフの盗難を防ぐための一手段にすぎないと、フォジェは強調する。

自身の情報提供者を失い、地元の林に侵入する者も後を絶たなかったが、それでもフォジェは少しずつ手応えを感じていた。トリュフの捜査を開始した当時、フランスの刑法ではトリュフは他のキノコ類と同じ扱いだった。価格ははるかに高かったものの、10キロ以上盗まないと警告対象にはならなかった。それがフォジェの働きかけが功を奏し、トリュフ1個の窃盗に対しても法的処罰が下されるようになったのだ。犯人に前科がない場合には1個でも高額の罰金、２度目、３度目の犯行であれば懲役刑が科される可能性もある。「犯人が若者だったり、メンバーが入れ替わったりするのはそのためだ」とフォジェは説明する。目出し帽の着用、武器の携帯、２名以上による犯行は、さらに刑罰が重くなる。

だが、パルドの命や新たな法律をもってしても、犯罪件数を減らすことはできなかった。

２０１５年、ランボーの裁判が始まった。判決が下される5月29日、パルドの家族ぐるみの友人で弁護士のナスール・デルベルは、パルドの未亡人と子どもたちのために法廷に立った。「トリュフ農家の間に不安が広がっていることはご存じのとおりです。そのことについて言及した証人は大勢います。一方で、被害者の家族には見向きもしない証人も少なくない……盗難を恐れるあまり、ミスター・パルドの死は二次的なものになってしまったと言わざるをえません」

ランボーの2度に及ぶ発砲については、デルベルは「恐怖に駆られていたとは思えません。どう考えても冷静かつ理性的な行動です」と付け加えた。そして、ランボーは最初から林で見かけた人物を殺すつもりで出かけたのだと強調し、陪審員に向かって言った。「あなた方の結論には少なからぬ影響力があります。それは聖なるメッセージに他ならない。無秩序状態への扉を開き、法社会の道しるべとなるでしょう」

もうひとり、パルドの両親のために証言した男性は、パルドが林にいたことには「正当な理由が2つあります」と述べた。地元の店で農機具を仕入れ、友人に芝刈り機を届けたというのだ。「撃たれたときには、(遺体のそばで発見されたトリュフを掘るための)つるはしは手に持っていませんでした」

パルドの妻の弁護士は、パルドが殺された当時、彼女が第3子を妊娠していたことを明らかにし、事件直後の妻の思いを代弁した。「自分は本当にこの子を産むことができるのか。この子にはいない父親を毎日思い出すことになるのに。この子から奪われた父親を。そう考えて悲嘆に暮れていました」

続いて、検事のジルベール・エメリーが陪審員に考えを述べた。「なぜローラン・ランボーが人を殺したのかを理解する必要があります……言ってみれば、彼はエルネスト・パルドを裁判もせずに処刑した。パルドには裁判を受ける権利があったにもかかわらず。果たしてパルドはトリュフ泥棒なのか? 本当に盗んでいたのか? 彼が無実だという推定は一切なかった」

エメリーはランボーの弁護団が目撃者の証言で被害者の前科を公表したことを批判した。「通常、死亡した人物の犯罪歴は保護され、閲覧禁止となります。警察から被害者の前科を無理やり聞き出す方法は非難されるべきです。ムッシュー・ランボー、あなたが撃ったのは犯罪歴なのか、それとも人間なのか。犯行の動機は、窃盗犯を始末しなければならないというランボーの強迫観念であると、私は確信しています」。そう主張して、検事は懲役12年を求刑した。

次に被告側弁護士のアラン・フォールが立ち上がった。「私は憎しみが嫌いです。みなさんがいま耳にした言葉の暴力は理解できません。なぜそれほどまでにローラン・ランボーを憎むのか。人生で一度も法を犯したことがなく、他人のために人生を捧げていた人物に対して、どうして12年もの懲役が求められるのですか？　この事件は、夜間にひとりでいた人物がパニックになったということにすぎません。２回の発砲は完全にパニックになったためです。身の危険を感じたのです。この４年間、彼は毎日パルドと彼自身の家族のことを考えていました」

もうひとりの被告側弁護士が陳述を終えると、公判の間、質問されたとき以外は無言かつ無表情だったランボーが立ち上がって口を開いた。

「ムッシュー・パルドを殺すつもりはありませんでした。ご家族に許しを請いたい」

フォールの熱意あふれる弁護は陪審員を納得させた。夜間に武器を持った窃盗犯が侵入するせいで、地元の農家がいかに恐怖に駆られていたかを的確に伝えたのだ。パルドの殺人に対して、ランボーには検察の求刑より軽い刑が宣告された。懲役８年。

仲間に懲役刑が言い渡されると、見回りの必要性に疑問を持つ栽培農家も現われた。リシュランシュの生産者ニコラス・バライエルは言う。「あの事件をきっかけに、皆、現実に引き戻された。『人の命と数グラムのトリュフを天秤にかけるということだ』と気づいたんだ。おそらく同じ価値ではないことに」。その一方で、自分の林を守らなければならないという思いを強くする者もいた。サン・レスティテュのある生産者がイギリスのデイリー・テレグラフ紙にこう語っている。「グリニャンの悲劇にもかかわらず、自らの手で正義の裁きを下したいという本能に逆らわなければならなかった」

裁判が終わり、ランボーが刑務所に入ってからも、2010年12月20日の夜の出来事の真相は謎に包まれたままだった。ランボー以外に、あの林で何が起きたのかを知る者はいなかった。とりわけ、なぜランボーが発砲したかということを。将来を危険にさらすことなく、すべてを語る機会を与えられれば、ランボーは自分の判断に根拠があったと示すことができるのか。裁判で述べた印象よりもパルドは威嚇的だったのか。

翌年のトリュフシーズンに、私はランボーの弁護士を通じて服役中の彼に面会を申し込んだ。だが、あいにく私のフランス滞在中、弁護士は別の注目度の高い殺人事件の裁判で忙殺されていたため、申請は却下された。

フォジェともランボーとも旧知の仲であるバルテレミーは、この事件には法廷で語られた以上のことがあると認めた。たとえば、パルドが撃たれてから2時間もしないうちに、10キロ近く離れたサン・ポール・トロワ・シャトーにある彼のアパートメントで飼い犬が発見された。犬が空を飛ぶことはない。「つまり、パルドはあの晩、ひとりではなかった」

ランボーはなぜ2度も発砲したのか？　人ひとりを殺すのに、小さな弾丸がたくさん詰まった散弾1発では足りないのか。フォジェも、林にはパルドの他に誰かがいたと確信している。パルドの自宅に犬がいたことが共犯者の存在を示す証拠だと指摘した。

事件の夜のことをさらに尋ねると、バルテレミーは自分の知っていることしか答えられないと念を押した。ランボーに実刑判決が下され、ようやく緊張や不安が鎮まった。それを蒸し返すようなことはしたくなかった。彼の任期が満了する前に、おそらくランボーは釈放されるだろう。いまさら古傷を暴いても何にもならないと、トリュフ業界の関係者の多くは思っていた。沈黙を守ることは、ランボーとその家族がかつてのプライバシーを取り戻すための手段だった。バルテレミーは「閉じた口にハエは入ってこない」というフランスの古いことわざに従うしかなかった。

私はランボーの農地を囲む低い石垣に沿って歩いた。燃える薪と枯れたラベンダーのにおいが漂ってくる。土の私道の突き当たりに、ラベンダー色のドアと鎧戸のある古い石造りの家が建っていた。正面の芝に子ども用のブランコが置かれ、紫色の看板がラベンダー製品を宣伝していた。

ややためらいながらも、私は敷地内に足を踏み入れて家へ向かった。左手には、住居と、反対側の外れにある小さなトリュフ農園の間にラベンダー畑が一面に広がっている。干し草の山と納屋のそばで挽き臼を回す農園の作業員の向こうに、ひょろ長いオークの木が立ち並んでいるのが見えた。玄関のドアに近づくと、柵付きの犬小屋の中から2匹の黒い縮れ毛のトリュフ犬が吠える。入口はL字型の建物の角にあった。私はガラスのドアの木の部分をノックしたが、出てきたのはキャンキャン吠える白い室内犬だけだった。

そこでガレージの脇を通って鳥小屋のほうへ向かうと、赤とオレンジ色の鳥が怯えて飛び回った。しばらく鳥小屋を見ているうちに、ヘッドライトをつけた車が私道に乗り入れてきた。自分がランボーの敷地内に不法侵入していることを考えて、私は一瞬、身をこわばらせた。車が近づいてくる。私は奥の入口へ向かった。私が姿を隠すのに驚いて、通訳がそちらへ向かったのだ。彼女は、私がランボー夫人と話ができるように戻ってきた。

玄関の近くに車を停めると、ランボー夫人は前の座席でじたばたする小さな子どもを残して車を降り、私たちのほうへ来た。通訳は、私が本を書いていること、トリュフの生産について、この地域の農家に話を聞いていること、いくつか質問したいので協力してほしいことを伝えた。夫人はすぐさま察した。待ち伏せされていたのは明らかだった。

トリュフ栽培は夫の担当なので、事件のことも含めて、夫の許可なしに話すつもりはない、と夫人は断言した。「夫の人生です、私のではなく。弁護士を通してください」。私は遠慮がちに、すでに弁護士に連絡して何度も頼んでいることを伝えた。「どういうことかしら。夫は何も言っていなかったけれど」。夫人は困惑した。弁護士が何も伝えていないか、あるいはランボーが妻に黙っていたに違いない。

いきなり外国人のジャーナリストが訪ねてきて、夫人は当然のごとく驚いて身構えた。通訳が事情を説明する間も緊張が伝わってくる。とても詳しく話を聞ける状況ではなかったが、翌朝にはリヨンでＩＣＰＯの刑事と会う予定だった。会話は続かなかった。このままここで粘っても、彼女の夫のことを聞けなければ意味はない。それに、いつまでも幼い子を車に残しておくわけにもいかなかった。通訳と私は諦め、犬小屋の前を通って低い石垣沿いに歩き、車を停めている憲兵隊の駐在所の前に引き返した。日は沈みかけていた。

通訳が帰ると、私はさらに調査を進めようと決めて自分の車に乗り、いま歩いてきたばかりの道を再び進み、母屋を後にしてトリュフ農園へと向かった。しばらく行くと道は右手に分かれ、土の小道が急な斜面を下りて広い畑に続いていた。遠くのほうから1台のトラクターが近づいてくるのが見えた。私はバックで斜面を上り、舗装された道に戻った。そのまま敷地内の写真を撮ろうと、ゆっくり運転する。やがてトラクターが追いつき、私を追い越して母屋のほうへ向かった。トラクターは土の私道に入り、石垣に近づいてから止まった。運転していたのは年配の男性だった。ランボーの父親、アルベールに違いない。

それ以上は注意を引きたくなかったので、私は方向を変え、最初の道を左に曲がって敷地の反対側へ向かった。空は美しいオレンジとピンクに染まっている。敷地の奥の林は広く、１分ほど走っても、まだ抜けずにいた。そのまま走り続けると、やがて林の外れにまたしても石垣を見つけた。パルドが撃たれたのはここか、敷地の反対側のどちらかだ。少しばかり林の中を歩いてみても、誰にも気づかれないだろう。

だが、私はUターンして町へ戻った。そして路肩に車を停め、ラベンダー畑と、頂上にグリニャン村が位置する遠くの丘を見渡した。空からは午後の陽の光が消え失せ、すっかりたそがれている。ランボーがパルドを殺したのとほぼ同じ季節の同じ時刻だった。

アメリカに帰国してからも、ランボーの弁護士からはメールも電話もなかった。もはやトリュフを盗んで死亡した男からは話が聞けないので、せめてトリュフを守ろうとして彼を殺した男と話をしたかった。殺人によって明らかになったトリュフの力というものを理解したかった。だが、私はまだグリニャンの外れでじっと車に座って、暮れゆく空を眺めているような気分だった。

第Ⅱ部
研究・秘密

犯罪も、虚偽も、共謀も、詐欺も、悪徳も、秘密を伴わないものはない。

――ジョーゼフ・ピューリッツァー

第3章

黄金の秘密

ローラン・ランボーの恐怖と、自分の育てたものを命がけで守ろうとする決意について考えれば考えるほど、真の動機は、暗がりに浮き上がったエルネスト・パルドのシルエットではなく、弁護士のアラン・フォールが言ったように、あの地域のトリュフ栽培農家に広がる根強い疑念と被害妄想だと考えるようになった。生産者たちは、市場からの帰り道では尾行され、林の中では監視されていると思い込んでいた。武器を持ったマフィアがいることで有名なマルセイユの隠れ家から、窃盗犯が農場までやってくるのではないかと疑っていた。夜な夜な道を歩きながら、最近の噂について考え、銃を持った男が暗がりに潜んでいるのではないかと想像する。その結果、実際の窃盗犯よりも恐ろしい亡霊が生まれるのだ。フォールは、集団的な恐怖が「精神病の心理状態」として事件を引き起こすと説明している。

だが、この恐怖は新たな苦痛をもたらすものではなかった。地中の宝を秘密にして林の亡霊から守りたいというトリュフ生産者の衝動は、２世紀以上前に、ランボーが散弾銃を撃った林の１００キロ南の丘で始まったトリュフ栽培に端を発していた。

時は１８１８年ごろ、ジョゼフ・タロンという名の農夫が運命によって、ある秘密のただひとりの番人に選ばれた。その秘密とは、古代アムル人〔訳注：紀元前2世紀ごろからメソポタミア、シリア、パレスチナを支配した西セム系民族〕の召使が王の命令により、砂漠のトリュフを探してひたすら砂を掘り続けて以来、ずっと追い求められてきたものだった。歴代のメソポタミア王は、イナゴのフライやヒヨコ豆のサラダとともに、「テールフェズ」と呼ばれるトリュフを豪華な食卓のメイン料理として所望したのだ。19世紀の資料を読むと、おおかた想像がつく。タロンがクロアーニュ村の質素な自宅近くの丘を上って頂上の石灰岩群に近づいたとき、豚が鳴き声をあげて斜面を駆け下りていった。肩にかけた鞄を揺らしながら慌てて後を追うと、豚はタロンが植えたトキワガシの根元を一心不乱に掘り返していた。いつも緩慢な豚がこれほど素早く動くのは見たことがなかった。ばかなことはやめろと命じようとしたとき、枯れた草の上に何やら黒いものが転がり出た。豚はそれをくわえたかと思うと、丘の上へ走っていった。タロンはまたしても追いかけた。

低木の生えた台地に出ると、タロンはありったけの力で豚を大きな石に押さえつけ、抱え込むようにして倒した。そして鼻をつかんで、固く閉じている口を無理やりこじ開けた。暴れ回る豚はタロンのベレー帽を弾き飛ばし、鞄に入っていたどんぐりを地面にぶちまける。しばらくして、ようやく低い鳴き声をあげながらおとなしくなり、口の中のものを吐き出すと、パンのかけらをねだるような目でタロンを見上げた。この出来事がご褒美に値すると言わんばかりに。

タロンは豚がくわえていたものを掲げ、朝の陽射しの下で、そのごつごつした表面を親指と人さし指でこすってみた。それは黒い冬トリュフだった。

オテル・デ・アメリケンやオテル・ドゥ・プロバンスといった一流ホテルのダイニングルームをはじめ、パリ中の流行のレストランでシェフが七面鳥に詰め、貴族に出しているものと同じ品種である。「トリュフ料理が出されなければ、食事はほとんど評判にならない」と書いたのは、フランスの政治家で著述家でもあるジャン・アンテルム・ブリア＝サバランだ。「どれだけ料理自体が素晴らしくても、トリュフが添えられていなければ見栄えがしない。プロバンス産トリュフと聞いて、よだれが込みあげない人などいようか」。サボイア公、メディチ家、ルイ14世、ナポレオンなど、ヨーロッパの王族は昔からトリュフを味わってきたが、やがて普通の貴族や庶民も憧れを抱くようになった。

その後、トリュフが人々の食卓に浸透していることに気づいたパリの販売業者が、クロアーニュからほど近い南部のカルペントラスとアプトまで買い付けに行き、栽培農家に対してかつてないほどの金額を提示した。そして郵便配達人や急行馬車を駆使し、需要が急激に伸びた北部に大急ぎでトリュフを運ばせた。ほどなく、南東部の生産者はひとり残らずトリュフハンター（プロバンス方言では「ラバシエール」と言う）になった。

タロンは穴に戻り、豚が鼻で掘った土をかき分けて手を突っ込んだに違いない。そして、すぐに数個のトリュフを見つけた。大きくて香りのよいトリュフは、アプトの市場で販売業者が真剣に吟味していたものよりもはるかに品質がよかった。このトリュフによって、タロンのような農夫が金持ちになった。

タロンの所有する土地の大部分は、土が乾燥して作物が育たず、タイムを植えるのが精いっぱいだった。でこぼこした岩だらけの斜面は自然の厳しさに晒され、タロンは数年前まで絶望に打ちひしがれていた。ナポレオン戦争に参加する以前は、ホワイトオークやトキワガシの下でどんぐりを拾うのが習慣だった。もともと丘のあちこちに生えていた木を、リュベロン谷から吹きつける激しい風からわずかな作物を守るために、農地の周囲に植えたのだ。だがその甲斐なく、タロンは枝を切って薪にするか、どんぐりを豚の餌にしようと考えていた。

きっかけは絶望だけではなかった。好奇心も後押しした。低木の生えた丘を歩き回ってトリュフを探すうちに、タロンは豚がトリュフを見つけると、その近くに決まってオークの木が立っていることに気づいた。ひょっとしたら、自分の防風林も金のなる木に化けるかもしれない。彼は頭の中で立てていた理論を試してみることにした。トリュフはオークのないところでは育たないという仮説を。土地はすでに使いものにならない。この実験が失敗しても、オークの木は残り、どんぐりを落としてくれる。

明らかな種も、他の植物との関連もなく育つ、地中に埋まった香り高いかたまりに関しては、ギリシャやローマの偉大な哲学者は無一文の農夫ほど現実的ではなかった。彼らは壮大で神秘的な起源を求めた。雷から生まれたと考える者もいれば、魔術によって誕生したのではないかと推測する者もいた。18世紀の植物学者や科学者は、野生のトリュフを土に埋めるだけで（時には葉、樹皮、おがくずなどを錬金術のごとく入念に混ぜ合わせて）、自然に増えると信じていた。３５００年もの間、農業の専門家たちはトリュフの栽培方法を探ろうと苦労してきた。

ところが、25歳の農夫がオークを植えてからおよそ8年後、ついにその謎を解き明かしたのだ。栽培に成功した史上初のトリュフを見つめながら、彼は自分の発見のばかばかしさに気づいていたに違いない。オーク。木。それを植えればトリュフができる。タロンは偶然、肥沃な黄金郷を見つけた。普通なら知識のある人物が発見する場所を。取るに足らない農夫ではなく。

だが、それを公表することは危険と隣り合わせでもあった。仲間の農家は黙ってはいまい。栽培方法を明らかにすれば、自分の手でライバルを作り出し、一攫千金を逃すことになるだろう。

タロンは自分の植えた木から落ちたどんぐりを残らずかき集めてカゴに入れ、家の周囲には一切どんぐりがない状態にした。どんぐりそのものに「トリュフの木」に成長する特別な力があると考えたのだ。だから、誰の目にも触れないようにしなければならなかった。つるはしを持ち出して砕いたり、薪を燃やして火に投げ込んだり、豚にやったりしたのかもしれない。とにかく、午後いっぱいかけて見つけたどんぐりはすべて処分し、隣人がその秘密に気づいて権利を主張してくることのないようにした。

太陽が丘の向こうにゆっくりと沈むなか、タロンは残りのどんぐりを自分の農地の隅々まで植え始めた。すぐに近隣農家を訪ねて、土地の売買について交渉するつもりだった。作物の育たない土地など、みんな喜んで手放すだろう。

だが、農地の端の低木地で、同じジョゼフという名の従兄弟が、何かに急き立てられるようなタロンの動きを注意深く見つめていた。近づこうとしたが、一心不乱につるはしを振るう姿を見て、低木の陰に戻り、しばらく様子をうかがうことにした。理解できない点がいくつかあった。第一に、そこら中にどんぐりの破片が散らばっているが、タロンは丘の斜面に丁寧に植えていた。たったいま幸運の女神が訪れたかのように意気揚々として。

タロンが近所の農家から岩だらけの価値のない土地を買い始めたことは、すぐに耳に入った。これまでは自身の休閑地の他はまったく関心を示さなかったというのに。この一帯の土地や、そこに生えている木々に、何か魔法のようなものが隠されているに違いない、と従兄弟は考えるようになった。

やがて、空いているスペースにどんぐりを絶え間なく植えるタロンが何をしているのかがわかってきた。タロンは庭仕事でもやるように苗木の世話をして、列と列の間の土を耕し、雑草や牧草を引っこ抜いた。豚はそこに近づけなかった。

タロンがトリュフでいっぱいのカゴを持ってアプトの市場にやってくると、周囲はその幸運に色めき立った。だが従兄弟は、それが運のおかげだけではないことを知っていた。彼は自らの痩せ細った作物の手入れをしながら、自分もどんぐりを集めて植えようと決意した。

年を追うごとにトリュフの収穫量は増え、タロンは徐々に貧しい農夫から脱した。1820年には、2ヘクタール近いオークの林を所有するまでになっていた。どんどん土地を買い占めるタロンに、その頃には隣人たちも首を傾げていたに違いない。タロンは農夫だったが、決して頭が鈍いわけではなかった。トリュフ栽培の秘密を発見しても、固く口を閉ざしていた。

だが、従兄弟は違った。彼は大金が手に入ることを言いふらし、どんぐりが宝の山をもたらすことを自慢し始めた。それを聞いて、同じ村（西部のクラベラン）に暮らすエティエンヌ・カルボネルという男がすぐに栽培を始めた。フォントーブのベゾン、ベドワンのバンドラン、バルソルグのドクター・ベルナールも後に続く。トリュフの秘密はリュベロン谷を越えて広まった。フランスの植物学者ジュール・エミール・プランションは、「正真正銘のトリュフ栽培学校」も設立されたと記している。それでも、しばらくの間は秘密はアプト周辺の村々に留まっていた。

やがてタロンは栽培方法の改良に成功した。トリュフを生み出す木の下で拾ったどんぐりだけを植えるようにしたのだ。また、辛抱強く、かつ工夫を凝らして作業を行ううちに、一部のオークの陰で収穫量が減っていることに気づいた。そこで間隔を広げて一列おきに植えることにした。ほどなく栽培地は10ヘクタールにまで広がり、８～10年経ったオークの木は、１本につき約40キロのトリュフを生産した。タロンは世界初の最も成功したトリュフ生産者となった。

タロンの成功の噂は丘を越え、渓谷を通って、西のカルペントラスの狡猾でやり手の商人オーギュスト・ルソーの耳に達した。ルソーははるばるクロアーニュを訪ねてタロンの農地を見学し、彼の協力を得て、最も多くトリュフを生産するオークからどんぐりを集めた。時は１８４７年。タロンは自分の栽培方法が公になり、秘密を封印することに失敗したと気づいた。

ルソーがカルペントラスの門のそばに所有する２ヘクタールの農園、ピュイ・ドゥ・プランを訪れた際には、タロンの方法の可能性を想像することしかできなかった。そこでは１ヘクタール当たり１８０フランのライ麦と麦わらを生産するのがせいぜいだった。タロンの農地と同じく、表土は小石や石灰岩だらけで、その下は「カチカチのプリン」のようだ。そこに求められているのが、そこで育つことができるのがオークの苗木だけだと言わんばかりに。11月のある日、ルソーは北から南へ歩き、およそ2メートルごとにしゃがんでは、小さなトキワガシの苗木を植えていった。列と列の間は約5メートル空け、そこでブドウを育てることにした。

1853年に採れたトリュフはわずか3個だったが、1854年には4キロに増えた。そして1855年、最も古い木から15キロの見栄えのするトリュフを収穫することができた。ルソーはその中からとりわけ上質のトリュフを選び、ニコラ・アペールによって発明されたばかりの方法で缶詰を作って、パリのマリニー広場にある産業宮で開催された万国博覧会に出品した。その結果、「立派な大きさと豊かな味わいのアルジェリアのオレンジ」、「この上なく素晴らしいコリントのレーズン」とともに金賞に輝いた。パリの新聞記者たちは、それまで野生のものと考えられていたトリュフの栽培が成功したことをこぞって書き立てた。

「この商品は、私がトリュフのオークの下で収穫したものです」。ルソーは記者たちを前に語った。「紛れもなく私の生み出したものであり、自然に任せて、手入れのされていない林で採るものとはまったく違います。ピュイ・デュ・プランまでいらしていただければ、しばしば議論されてきた人工トリュフの問題が、いよいよ実用段階に入ったことがおわかりになるでしょう」。その場にいた科学者たちは納得しなかった。専門家が失敗した分野に田舎の商人が成功したことが信じられなかったのだ。

これに驚いたフランスの政治家で科学者のガスパリン伯爵は、ボクリューズ県の農学校の校長を通じて視察を申し出た。ルソーは快諾し、伯爵は自宅のあるスイスからフランスに帰国する際に立ち寄ることになった。1856年2月3日、弟や農業関係者のグループを従えた伯爵が、村の郊外にあるトリュフ農園に到着した。

ルソーの豚が小さなトキワガシやオークの間を必死に走り回る。いずれの木も１メートルほどの高さしかない。豚がにおいを嗅ぎつけ、さらに20歩進んで、１本のオークの根元で止まった。ルソーが棒で鼻を叩かなければ、豚は発見したものを飲み込んでいただろう。ルソーはしゃがみ込むと、ご褒美にトチの実をやった。豚が関心を示したのは、ルソーがあらかじめ根元に白いペンキで印を付けていた木で、家の近くの日陰に生えているオークには見向きもしなかった。ルソーと豚は１時間ほど木立を歩き、ガスパリンの目の前で、栽培されたトリュフ１キロを掘り出してみせた。

家に帰った伯爵は、パリの裁判所に向けて報告書を提出した。そこには、「フランス南部において、オークの苗木を用いたトリュフの犯罪が企てられている可能性はない」と書かれていたが、ジョゼフ・タロンについては一切触れられていなかった。というのも、ルソーは「驚くべき結果」をもたらした技術をどこで学んだのかは話さなかったからだ。

伯爵は視察の結果をボクリューズ県にも報告した。１８５６年11月、知事は各地方の役人や住民にパンフレットを配り、周囲の空き地にできるかぎり多くのどんぐりを植えるよう指示した。農民たちはこれに従い、モン・バントゥの乾燥した山肌を緑に彩った。オークの苗木はどんどん育った。こうしてトリュフ栽培は広く普及し、１８６６年には、ルソーのトリュフ缶詰の出荷量は10トンから54トンにまで増加した。

一方、タロンのトリュフ収穫量も増え続けていた。1869年に提出された報告書では、アプトの農業担当の役人アンリ・ボネがその品質に太鼓判を押している。「私はここで生まれたんだ」。タロンは子どもたちにそう言って、最も古いオークが生えている土地を示した。

ちょうどタロンの栽培方法が広まりつつあった頃、フランスでは、当時は原因不明だった病気でブドウの葉が黄色くなり、木が枯れるという現象が起きていた。フィロキセラという小さな虫はフランス中のブドウ園を壊滅させ、絶望したオーナーたちは次々と新たなビジネスに転向した。そして、1862年から1886年の間に何千本ものオークが植えられた。タロンの発見が彼らを破産から救ったのだ。だが、功績者として歴史に名を残したのはルソーだった。

窃盗犯は、裁判所よりも先にトリュフ栽培の進化に気づいた。私有地も含め、林での行為を取り締まっているのは刑法ではなく森林法であると知っていた彼らは、新たなトリュフ林に堂々と侵入した。実際、北フランスの裁判で、トリュフを含めた森林のすべての産物には刑法を適用できないという判決が下された。とりわけ南部では、もはやトリュフは探し回って手に入れるだけの食料ではないことを、法律は見逃していたのだ。

そうした法律の穴に気づいて、南部の農民たちは敷地内に見張り塔を建て、夜間には協力してランタンを手に見回りを始めた。19世紀後半のある書物は、あたかも2010年にランボーの起訴に抗議したトリュフ農家によって書かれたかのようだ。「この監視は、ほとんど効果がない上に、きわめて危険だった。トリュフ泥棒は、密猟者と同じく温厚な人間とは限らない」

タロンの土地から遠くないアプトの裁判所で、１８６５年12月14日、初めてトリュフ農家に有利な判決が下され、罪に対して刑法が適用された。豚を使ってトリュフの窃盗を繰り返した犯人に、禁固10日間および16フランの罰金が科されたのだ。この男には逮捕歴があり、４件の違反行為で処分を受けていた。１８７８年には、カルペントラスの男が他人の林に犬を連れて入り込み、つるはしでトリュフを掘り起こしたのが見つかって、１年の禁固が言い渡されたが、男は判決に抗議して、結局、刑は1カ月に短縮された。ただし裁判官は、刑は変更されたものの、罪は刑法に反することに変わりはないと明言した。ボクリューズ県全域で、トリュフが農民の労働、時間、努力の産物となっていることを認めたのだ。同じ年、ビエンヌ県ルーダンの法廷において、トリュフ栽培農家が長年手塩にかけて育てたオークの根を台無しにする「武器を持った恐ろしい略奪者」と戦っていることが強調された。

一方パリでは、地方の窃盗事件などよそに、裕福な客がオリーブと同じくらい気軽にトリュフを求めてレストランにやってきた。トリュフのない食事は見向きもされなかった。そうした需要に応じるために、南西部のペリグーやペリゴールのイール川沿いに食品製造会社が設立され、瓶詰や缶詰にしたり、ゼリー寄せや、ヤマウズラ、ウサギ、フォアグラのパテなどに加えられた。１８８５年にはフランス全土で１０００キロのトリュフが消費され、その何十倍もの量がイギリス、ドイツ、ベルギーに輸出された。トリュフ農家の生産は仲介業者の要求に追いつかず、熱狂的なブームに対応するために、主にイタリアから2万キロ分も輸入しなければならなかった。

１８９５年には、タロンの栽培方法は南フランス全域に広まっていた。トリュフ生産の黄金時代と呼ばれたこの時期に、フランスでは毎年１５００トンの黒トリュフが生産された。ところが、その後、トリュフは姿を消し始めた。大きな要因となったのが、２度にわたる世界大戦である。農地が破壊され、多くの農民が戦死したり都市部に移住したりして生産から離れた。林は荒廃し、何世代にもわたって磨き上げられた技術も定期的な土地の維持管理もない状態で、トリュフ栽培はほとんど廃れかけた。

１９７０年代になって、フランスの科学者グループがタロンの方法を参考に、トリュフの胞子を植菌した苗木を国立農学研究所（ＩＮＲＡ）を介して全国に配り、栽培の再開に乗り出した。だが、黄金時代の再来を望む科学者や農家の期待とは裏腹に、当時の安定した商業的な栽培方法は推測の域を出ず、謎に包まれたままだった。技術の面では確実に進歩していたものの、年間の収穫量は平均30トンに過ぎず、時には大幅に下回ることもあった。ずさんな農園の管理、菌類の競合、気温上昇、夏の降雨量の減少などが原因として挙げられたが、はっきりしたことはわからなかった。農家はタロンと同じく熱心かつ丁寧に栽培を行おうとしたが、成果が上がらずに意欲を失う一方だった。

私はルソーがトリュフの缶詰を作っていたカルペントラスを後にすると、緑の鮮やかな丘を越え、岩だらけで車が1台しか通れないような山間の細い道を通って広大な渓谷に出た。そして広大なブドウ畑や農場を過ぎ、最後に坂道を上って、ようやくパステルカラーの鎧戸が美しいサン・サトゥルマン・レ・アプトに到着した。タロンの遺産とも言うべき村だ。中心部には、トリュフ栽培技術の発展に寄与した地元の英雄を記念して、タロンの石像が置かれていた。片脚でひざまずき、左手に大きな褐色のトリュフを持って、肩掛け鞄を下げている。ベレー帽をかぶり、口ひげをたくわえた顔は、祈っているかのように地面に向けられていた。村からは、起伏のあるリュベロン渓谷のなだらかな平野部分を見渡すことができ、ベージュ色のフレンチタイルの家々とともに、斜面に向かってトリュフ農園やブドウ畑が広がっている。低く垂れ込めた雲の隙間から、わずかに陽の光が輝いて見えた。

１９８０年代にこの像が建てられた当初、タロンが差し出した手の上には、トリュフの形をした黒い火山岩が置かれていたという。ところが1カ月後、作り物のトリュフは消えた。何者かが盗んだのだ。村で会った地元の歴史学者は、ふたりともタロンのことは私と同じ程度にしか知らなかった。彼の生涯を記した資料はほとんどが消失していた。ふたりは1冊の薄い歴史雑誌を差し出し、そこにタロンについて判明していることがすべて記載されていると言った。図、経歴、家系図も含め、彼の記録はわずか14ページだった。

この一帯では、トリュフ農園は依然として多く、歴史学者のひとりも1区画を所有していた。

どれくらい収穫できるのか尋ねてみたが、税務調査に関心のあるＦＢＩ捜査官なのかと笑いながら問い返され、はぐらかされた。その年は降雨量の少ない暑い夏が長引いたせいで収穫量が減り、市場価格が跳ね上がった。冬トリュフの平均価格は１キロ当たり７００ユーロに迫る勢いだった。

かつて栽培を始めたばかりの頃と同じく、この地域の農家は相変わらず窃盗犯を恐れていた。歴史学者たちの話では、サン・サトゥルマン・レ・アプトで悪名高い泥棒が捕まり、噂では袋叩きにされて、何カ月も入院するはめになったという。個人的に警備員を雇い、林を見回らせている農家もあるそうだ。

専門家にとってもタロンが謎めいた存在であることに気づいて、私は彼の農地があった場所を尋ねた。どうやらクロアーニュの小さな集落は、いまも存続しているらしい。〝聖地〟を歩いてみれば、何か過去の手がかりが掴めるかもしれない。標識に従って行くと、サン・サトゥルマン・レ・アプトの数キロ先にあり、しかも、タロンの子孫がそこで暮らしているかもしれないという。歴史学者のひとりが言った。「何とも摩訶不思議でしょう。いまでも語り継がれているんですから。おかげで想像がかき立てられます」

クロアーニュの集落は、田舎道のカーブ沿いに石造りの建物がいくつか寄り集まっているばかりだった。カフェもなければ、商売が営まれている気配も一切なく、外を出歩く人の姿も見当たらない。砂利道に入り、何軒かの家を過ぎて曲がると、前方にひとりのフランス人男性が見えた。

手巻き煙草を吸いながら、ワンマン建設とおぼしき現場のそばで手押し車を押している。背後の静かな丘の斜面には、トリュフの栽培方法を発明した男の手でオークが植えられていたが、私がタロンについて尋ねると、男性は完全に困惑した表情を浮かべ、この近くにアメリカ人が住んでいると言って、その家に案内してくれた。

アメリカ人というのは実は中年のイギリス人で、病気の母親の看病をするためにテキサスの自宅から来ているとわかった。タロンの農地を探していると伝えると、彼は下方に見える立派な邸宅を指して、タロンが自分の手で建てたのだと付け加えた。電話して、何か知っている人がいないかどうか確かめてみてもいいが、英語を話す人がいないかもしれないとのこと。そこで、その間にタロンが埋葬されている場所を見たいと告げた。すると、丘の麓に墓地があるという。「たぶんそこだろう」。イギリス人は早口で言うと、母親の家に引っ込んだ。

私は車に戻り、狭い道を引き返した。半分ほど下りたところで車を停めると、広い土の空き地の向こう側に墓石らしきものが見えた。歩いて近づいたが、墓だと思っていたのは、たくさんのオークの苗木を保護する農業用のネットだった。タロンがトリュフ栽培方法を確立するために用いた土地が、２００年以上経ったいまでも、同じ目的のために使用されているのだ。

その少し先に、大理石の壁とブドウ畑に囲まれた小さな美しい墓地を見つけた。小鳥のさえずりのなか、すっかり花が枯れた墓に目を凝らす。風になびく洗濯物の音が丘の斜面を滑り降りてきた。遠くで響くトラクターのエンジン音が唯一、文明を感じさせる。ほどなく、星が刻まれた大きなベージュ色の石に「タロン」の文字を見つけた。だが、それはルイ・ポール・タロンの一家の埋葬地で、ジョゼフはいなかった。

私は車に戻り、丘を上って邸宅へ向かった。一陣の風が私道の両側に並ぶ高い木の葉を揺らす。突然、2匹の犬が現われた。黒いほうの犬が激しく吠えたが、近づいてみると、足を引きずっていた。私は恐る恐る身を屈め、手のひらを開いて差し出した。2匹とも私道の端におとなしく伏せをしたのを見て、ほっと胸を撫で下ろす。

そのとき、赤ら顔で短い髪のひょろりとした男性が、犬と同じく突然現われて振り向いた。私を見ても驚いた様子は見せなかったが、英語はほとんど話せなかった。タロンが住んでいた場所を尋ねると、男性は私道の先にある木の扉がついた古い石造りの建物を指さした。穀物を貯蔵するのにはうってつけだが、住居には見えない。

ふたりで表庭まで歩いていくと、足元にトリュフ豚を従えたトリュフの守護聖人、サン・アントワーヌの像が建っていた。まさに探し求めていた場所にいることに気づいて、私は感激を覚えた。男性は煙草に火をつけて、深々と吸った。

「ここです。この家はトリュフの〝アルジャン〟で建てられました」

「トリュフのお金ですか？」

「トリュフのお金です」

探している言葉が見つからないと、男性は何度も指を鳴らした。そして、私の脇をすり抜けて、敷地の端の低い壁に近づいた。そこからは、丘と、先ほど下の空き地で見た苗木が見渡せる。男性は遠くを示した。「すべてあそこにあります。ワインはない。あるのはシェーヌ、シェーヌ、シェーヌ、デ・シェーヌ、デ・シェーヌ、デ・シェーヌ、デ・シェーヌ」。オークのことだ。

　男性はさらに壁に歩み寄った。またしても突風が木々の合間を吹き抜ける。トリュフの生産にはホワイトオークよりもグリーンオークのほうが向いていると判断した、と男性は説明した。ガスパリン伯爵もそう指摘していた。そこで男性は最近になってグリーンオークを植えた。けれどもタロンとは違って、１００本のグリーンオークのうち、せいぜい20本からトリュフが収穫できれば御の字だ、と彼は言う。

「トリュフは神秘です。私には理解できません」

　再び風が吹きつける。私は尋ねた。

「彼はあなたの先祖ではないのですか？」

「ええ、違います」

「彼の子孫はいまでもこのあたりで暮らしているんですか？」

　男性は曖昧な表情を浮かべた。

「わかりません。たぶん、もういないと思います」

　私は礼を言って別れを告げると、土の私道を引き返した。

タロンの家だという石造りの建物の隣の呼び鈴を鳴らした。老女が出てきたが。英語は話せない。ジョゼフ・タロンについては何も知らなかったが、彼女の家が１７８９年に建てられたことは知っていた。タロンが生まれる数年前だ。老女は困った顔で、私を例のテキサスから来たイギリス人のところへ連れていった。文字どおり堂々巡りだ。

イギリス人と私は、邸宅の私道のそばに停めた私の車に向かった。邸宅に住んでいる男性は、いま目の前にある石造りの建物を自信たっぷりに指さしていたが、イギリス人のほうは、19世紀ごろにタロンがあの細身の男性の家を建てたと信じているようだった。私は聞いてみた。あの邸宅はトリュフの金で建てられたというが、それは誰のお金だったのか？　イギリス人に言わせると、タロンはあの邸宅だけでなく、私がいま回ってきた集落の他の家々を建てるのにも貢献したとのことだった。おそらく、少しの間1軒で暮らし、トリュフのビジネスが軌道に乗ってからもう1軒を建てたのだろう。

どちらもタロンの家だという建物の間に佇んでいるうちに、話は予想外の方向へと進んだ。言い伝えによると、タロンもしくは彼の家族は、トリュフで得た金をすべて金（きん）の現物に注ぎ込み、敷地の近くのどこかに埋めた。あくまで噂にすぎないが、とイギリス人は付け加える。だからあの邸宅の男性は、あそこがタロンによって建てられたことを明言しないのだろう。おそらくタロンの財産を探していて、関係者とおぼしき人間はうまくかわしているに違いない、と。

タロンの話を知っている私には、あながちただの噂には思えなかった。あとで発見したことだが、１８７５年に記された古い資料に、ジョゼフの息子イラリオン・タロンについて言及している部分があった。１８７３年に父が亡くなると、イラリオンは父の財産を増やした。谷床でブドウが腐りかけていた土地を買い、そこにさらにオークの木を植えた。父の栽培方法は驚くほど効果的で、アプトの市場に毎週15～20キロのトリュフを持ち込んだ。財産を公にすることは危険だと気づいていたらしく、具体的な使い道は資料に記録されていない。周囲の嫉妬を買う中で、どんぐりを隠した父よりもうまく財産や技術を秘密にする必要があると気づいたのかもしれない。

ジョゼフ・タロンの功績は、栽培方法の発見だけでなく、その直後から抜け目なく守ってきた「企業秘密」がまたたく間に明るみになったことも大きかったのではないか。私は徐々にそう考えるようになった。彼がスパイを阻止することにも、その後、特許を取ることにも失敗した結果、息子や、それに続く何世代ものトリュフ生産者の被害妄想が引き起こされ、トリュフとそれを生み出す技術は次第に、保護し、懸念し、攪乱するべきものとなる。栽培方法を公開すれば、生産者はさほど頭を悩ませずにすんだかもしれないが、誰もが商業栽培の謎を解く賢さが自分にはあると信じていたようだった。

20世紀後半に収穫量が減り続け、それとは反対に需要は高まり続けると、この魅力的な謎解きに誰もが恋焦がれるようになり、同時に、素晴らしい夢が終わることへの感動と恐怖を引き起こした。達成を目前にした生産者は、それまでの努力、時間、創意工夫（灌漑の調整、枝下ろし、植樹の間隔など）、さらには財産までもが水の泡となることを覚悟しなければならなかった。成功への期待（正確には幻想）が謀略を生み出した。

第４章
科学の謎

　ジョゼフ・タロンは、トリュフが単なる自然に発生する地球のコブではないことを証明した。彼の技術、そしてフランス全土に広まった模倣によって、トリュフには木の存在が欠かせないことが明らかになった。だが、その後に続いた生産者や科学者には、新たな謎が突きつけられた。実際に地面の下では何が起きているのか、商業規模の収穫につなげるためには、どのように木を管理すればいいのか。その前提として、自然界におけるトリュフの成長過程を理解することが必要だった。

「トリュフ科学の父」と呼ばれるジム・トラッぺは１９３１年に生まれた。丸顔にふさふさの白いひげを生やし、大きな眼鏡の奥でやさしい目を丸くした姿は、写真で見るとサンタクロースのようだが、年をとっても彼の知的好奇心は衰えを知らない。それどころか、私がこれまでに話を聞いた若い科学者たちよりも、はるかに活力に満ちて雄弁で、すぐに皮肉のきいたユーモアも飛び出した。彼がかつて勤めていたオレゴン州立大学の研究室にほど近い自宅に電話をかけ、最初からすべて説明してほしいと頼むと、すかさずこう切り返す。「初めに神が天と地を創造した、といった具合に？」

そこまで遡る必要はなかった。１９５０年代にワシントン大学の教室で、ダニエル・スタンツ教授が林床やそこに生息する無数の病原体について詩的に語るのを聞いて、トラッペは菌類の研究こそ自分の使命だと気づいた。スタンツの聡明さ、複雑な概念を明解にひもとく手法にすっかり引き込まれたのだ。それと同時に人柄にも惹かれた。穏やかで度量が広く、決して威張らない態度は、終身在職権のある当時のエリート教授たちとは異なった。白い髪、分厚いレンズの眼鏡、年がら年中着ている白衣、おいしい食事と高価なワイン、クラシック音楽に対する極度のこだわりのおかげで、スタンツは学生の間では伝説的な存在となっていた。誰もが憧れる教授だったのだ。トラッペもこの教授から学び、仲間となり、彼の小さなキノコ王国で生きたいと思った。

卒業後、トラッペはスタンツの指導で真菌学の博士号を目指し、木や他の植物の根に侵入して共生体を作る菌根菌について研究を深めた。その結果、言うまでもなくデータを収集するために森林で過ごすことが多くなった。子どもの頃に家族旅行で行き、初めて恋に落ちたアイダホの森や、農務省林野部のパトロール員として活動したノースカスケード国立公園の森だ。

博士課程が開始して間もなく、トラッペはベイマツの根を掘るために大学の演習林に出かけた。

だが掘り始めると、見たこともない子実体を見つけた。研究室に持ち帰ったところ、スタンツからトリュフの一種だと説明された。「この種類についてはまだあまり知られていないが、ミシガン大学のアレクサンダー・スミスが研究している。特徴を記録してから、乾燥させて、スミス教授に送ろう」。トラッペはサンプルを梱包して送り、返事を待った。１週間ほどして、ミシガン大学の教授から返事が届いた。「素晴らしい発見です。ワシントン州でこの種が報告されたの初めてです。もっと採集してください」とスミスは書いていた。

そこでトラッペは何度も林を訪れては探し、次々と新たなサンプルをはるばるスミスのもとへ送った。そのたびに返事が来た。「これは新たな種です。もっと採集してください」。新たな発見と未知の領域に対する興奮が、トラッペの研究対象をトリュフに向かわせた。「北米原産のトリュフについては、ほとんど知られていなかったんだ」。心地よい声は、数え切れないほど講義を繰り返して場慣れした人間のもので、間の置き方、強調すべき語、劇的な効果や解説など、目的による口調の使い分けをすべて心得ていた。「だから言ったんだ。『それこそ私の興味が役立つ分野みたいですね』と。まさにそのとおりになったよ」

スタンツはトラッペに文献の探し方を教えた。当時は、大学の図書館で雑誌を１ページずつ丹念に読んでいくしかなかった。冬になりシアトルが雨と寒さに覆われると、トラッペは図書館にこもって、トリュフに関して科学的に知られているデータを残らず集めた。その数は多くはなかった。

トリュフには何百もの種類があるが、食通を熱狂させるのはほんのひと握りだ。キノコ界で最も珍しく、最も淡い色で、最も滑らかな白トリュフ（Tuber magnatum pico）、ダイヤモンドとも称される黒冬トリュフ（Tuber melanosporum）、味も価格も大幅に落ちるサマートリュフ（Tuber aestivum）、その秋バージョンの鉤状トリュフ（Tuber uncinatum）、白い小さなビアンケット（Tuber borchii）、オレゴンで採れるオレゴントリュフ（Tuber oregonense）。他にもブルマーレトリュフ（Tuber brumale）、バニョーリの黒トリュフ（Tuber mesentericum）、大きいイモタケ属の砂漠トリュフ（Terfezia）が数種類。中国で採れるTuber indicumとTuber himalayensisは基本的に三級品と見なされ、食べられるが、市場ではあまり（時にはまったく）価値がない。高価なものと偽って売られていないかぎり。

トラッペが発見した品種は当初、それ以下のグループに分類され、森林や土壌にとっては有益だが、食文化にとっては必ずしもそうではないと考えられていた。だが、北米のトリュフを研究することによって、トラッペはたちまち世界的に卓越した専門家としての地位を確立し、より重要な領域、すなわち黒冬トリュフと、謎に包まれたその栽培方法の研究に思いを募らせていく。

博士課程を終えたトラッペは、農務省林野部の北西部研究所で研究員として働き始めた。そして1967年、イタリアにおけるトリュフの生育条件を調べるために、1年の長期有給休暇を取得した。トリュフの国を巡る旅の目的地のひとつは、ウンブリア州スケッジーノ近郊、世界トップクラスのトリュフ輸出量を誇るウルバーニ・タルトゥーフィだ。この会社はアメリカにはほとんど進出しておらず、トラッペがアメリカ人来訪者の第1号だった。

当時の社長でトラッペのガイド役も務めたカルロ・ウルバーニは、一切英語を話さなかった。対するトラッペは、基本的なイタリア語しか話せない。数日間、ふたりは若い通訳を介してやりとりをした。カルロはトラッペを倉庫に案内し、森林へ連れていき、「それまで食べた中で最高のトリュフディナー」をご馳走した。

カルロはもじゃもじゃの眉で小太りの男だった。トラッペは思い出しながら語る。「実に親しみやすくて、百姓のような服装だった。擦り切れた黒いズボンに、ボロボロの黒いジャンパー、首元までボタンを留めたグレーのシャツ。ネクタイはなし。いかにもイタリアの田舎者という感じだった。土を耕す農民みたいなね」。田舎くさい風貌とは裏腹に、カルロは周囲から貴族のように敬意を払われ、王族のようにボディガードを雇っていた。会社が黒トリュフの生産のために所有するオーク林の入口では、制服に記章をつけた警備員が大きな銃を腰に差し、周囲に鋭い目を向けていた。侵入者を防ぐために配置されているのだ。トラッペは尋ねた。

「いままでに何回くらい侵入者に発砲したんですか？」

「持たせているのは銃だけで、弾は入っていないよ」

カルロはトラッペのたくさんの質問にひとつひとつ答えた。なかには企業秘密に近い内容もあった。会社の設立当初から、従業員は何十ヘクタールにも及ぶ林の生産状況を細かく記録し、収穫量の多い区画を把握してきた。そして、ほどなく土地面積の約40％の樹木が理想的な土壌を生み出すことに気づいた。葉の間隔が十分に空き、日光が地面まで届く状態となるのだ。そこで、残りの木は伐採して最適な間隔を維持することにした。

長年の観察の結果、森林管理者は新しい木が基準を満たすトリュフを成熟させるまでに4～5年かかることに気づいた。その後、樹齢が30年に達すると、生産量は急激に減少する。それを境に、マッシュルームや他のキノコが、地中のトリュフよりも高い確率で幹の根元に発生する。したがって、トリュフの育ちやすい木がこの転換点に近づくと、従業員はタロンの方法に倣い、その木の周囲に穴を掘って新たな苗木を植え、そのまま5年待ってから、生産量の落ちてきた中央の古い木を伐採する。その間に、若い木の下ではトリュフが着実に成長を続けている。最適な状態まで葉を落とすと、新たなサイクルが始まるというわけだ。トラッペはすべて書き留めた。

20年後、トラッペはトム・マイケルズという聡明な若い大学院生を指導した。彼は黒トリュフ菌糸体（トリュフを生み出す菌類に成長する糸状の細胞）の純粋培養について論文を書くことになり、胞子を集めるために黒トリュフが必要だったが、アメリカの大学ではトリュフの研究者は他にいなかった。そこでトラッペは、ニュージャージー州にあるウルバーニ・タルトゥーフィのアメリカ支社に連絡し、協力を要請した。その当時の支社長は、カルロの甥のポール・ウルバーニだった。

　トラッペは電話越しに事情を説明した。大学は資金難で、熱心な大学院生のために高価なトリュフのサンプルが必要なんです、と。するとウルバーニが尋ねた。

「いくつ必要なんですか？」

「できれば大きめのものを半ダースほど」

　ウルバーニはアメリカの科学者がトリュフに関心を寄せていると聞いて喜び、無料でトリュフをオレゴンに送ると約束した。トラッペは感謝すると同時に、ウルバーニがあっさり承諾したことに驚いた。

「心配ではないんですか？　わが国でトリュフ産業が発展して、御社と競合することになったら」

「ちっとも」とウルバーニは答えた。「考えてもみてください。わが社はヨーロッパから輸入したトリュフで総需要の４分の１しか提供できません。トリュフの生産者が増えれば、市場はさらに活発になります。だから、どんどんトリュフについて学んで、栽培を試みてほしいんです」

　アメリカが競争を挑もうとすれば、ヨーロッパ各国は、現時点ではお世辞にも強気とは言えないマーケティング戦略の立て直しを迫られる、とウルバーニは説明した。科学者として、トラッペはウルバーニの「オープンソース」の方針に賛同した。より多くの人間が知識や資源を共有すれば、トリュフ栽培やトリュフ産業全体の発展につながる。ところが、それから少しして、トラッペはある噂を耳にした。自分と学生のために快く協力してくれたウルバーニ社だが、オレゴンの起業家に対しては冷たい対応だったという。

その起業家のアイデアでは、アマチュアの真菌学者が胞子を苗木に植菌して、テキサスの広い敷地に植えることになっていた。ふたりで慎重に場所を探し、石灰岩質の土壌と栽培に適した気候の土地を選んだ。そして温室や研究所の建設に投資し、利益を生み出すことを期待していた。真菌学者はウルバーニ社に連絡し、苗木の植菌のために大量の黒トリュフが必要だと話した。その際、コスト削減を意識して、大きくて見栄えのするものでなくても構わないと考え、傷物を4分の1の価格で引き取らせてほしいと持ちかけたのだ。「安物買いの銭失いとは、まさにこのことだね」とトラッペは言った。

数年後、トリュフができるようになったが、地中で成長していたのは、市場で叩き売りされるような品質の劣るブルマーレトリュフの1種類だけだった。「実際には、当時は売られてもいなかったものだ」とトラッペは説明する。「売り物にもならなかった。ウルバーニは彼らがトリュフを接種源にするつもりだと知っていたはずなのに、そうしたものを買うことに反対しなかった。かつてわれわれに有名なペリゴールトリュフを提供してくれたパオロ・ウルバーニとは、いささか対応が異なる」。結果として、その会社はトリュフビジネスから撤退し、木は引き抜かれ、土地は売り払われた。

トラッペは農務省林野部で30年間トリュフの研究を続け、1986年に退職した。その後、オレゴン州立大学の研究教授に任命され、１９９６年までの10年間、実験や大学院生の指導に勤しんだ。長年にわたって菌類を研究してきたわけだが、トリュフの生態に関しては、その独自の仕組みはいまだ完全に理解しているとは言えないという。

だが、人々が血眼になって探す芳しい食べ物となるまでに、胞子がいかに複雑な道をたどらなければならないかはわかっている。トリュフの存在および稀少性は、子実体が形成される以前から、胞子やのちに菌糸が出合う、相反するさまざまな自然現象によるところが大きい。数え切れないほどの条件や環境が確実にそろうことが求められるのだ。そして、たとえすべてがそろったとしても、トリュフは人間が見つける前に地中で腐ってしまうことも少なくない。

植物の種の働きをするトリュフの胞子は、一般的なキノコとは違って、風によって散布することはない。したがって、野生のトリュフの一生は暗闇から始まり、その闇の世界は、食べ物を探す動物によって突然破壊される。だが、これほど見つけるのが難しいにもかかわらず、トリュフ自体は食べてもらうことを願っている。胞子の数が増えるにつれ、麝香のような香りはますます強くなり、リスやシマリス、トガリネズミ、ウサギ、イノシシなど、穴を掘る森林の動物を惹きつける。動物はごつごつした硬い皮にかじりつき、内部に詰まった胞子ごと体内に摂取する。

トリュフを食べた動物は胞子を遠くへ運び、胞子は消化管を通って、糞となって再び外の世界に（できれば林床に）出るのを待つ。糞の中の胞子は地中に戻る手段を見つけなければならない。通常は、大雨や勤勉なフンコロガシ、ミミズなどが木の根が伸びる地中に胞子を戻す。だが、胞子はどの場所でも発芽できるわけではない。

運よく十分な深さまでたどり着くことができれば、そこから一か八かの賭けが始まる。子実体が形成されるのは、すでに同じ地層に生息するたくさんのキノコに狙われていない木の根が見つかった場合のみだ。そして大抵の場合、探すのには困難を極める。「胞子は土の中に住み続けることができる。これまでの調査では、長くて30〜40年間、ひたすら待っていたという例もある」とトラッペは説明する。

まずは場所の問題だ。発芽のプロセスを開始するには、胞子はできるだけ共生できる木の根に近づくか、最低でも根がそばまで伸びてくる場所に留まっていなければならない。「根は化学信号のようなものを送っている。ガスか酵素か、ひょっとしたらホルモンが胞子に発芽を促すが、現時点では解明されていない」。胞子が信号を受け取ると、菌糸と呼ばれる長い糸状の組織が伸びてきて、土の中をヘビのように進んで細根に到達する。少なくとも、そのように考えられている。「まったく、頑なに地上に出ようとしないせいで、自然の中でサイクルを妨げずに観察するのは難しいと言わざるをえない」

菌糸は根の表面の細胞の間に入り込み、木から栄養となる糖類を受け取り始める。これをエネルギー源として子実体は成長し、少しずつ根を覆うように〝マント〟を作る。こうして菌根が形成され、本格的な共生が始まる。根の養分によって菌糸が伸び、一方の菌糸は土壌中の養分や水分を菌根を通して木に供給する。根系は根毛や細根によって養分を吸収するが、トリュフを含む菌類は根系を最大で２０００倍の長さにすることができる。トラッペに言わせると、「釣り針と漁網の違いのようなもの」だ。さまざまな菌類の存在がなければ、根だけで木の成長に必要な水分や養分を吸収することはできない。そして根がなければ、菌類は水分や養分をさらなる成長に欠かせない糖分に効率的に変えることができない。たとえるなら、手と口はあっても、胃がない人間のようだ。こうした共生関係なくしては、地上に森林は存在せず、ひいては森林に守られている生物も生まれてくることはないだろう。トリュフをはじめとしたキノコがなければ、地球は藻や苔、さらにはそうした荒涼とした環境でも生きられる単純な生命体に覆われていたかもしれない。

菌糸体が成長するにつれ、ますます菌糸が地中に張りめぐらされる。この過程で、うまくいけば同種の相性のよい菌と接触する。そうすると菌同士が融合し、遺伝物質の交換が行われ、トリュフの形成に一歩近づく。

春になると、その部分に小さな菌のかたまりができる。そして数週間から1カ月のうちに細胞が成長し、胞子のないちっぽけなトリュフが形成される。これはまだ成熟しておらず、繁殖ができないので、したがって香りもない。やがて夏が来ると、暑さのせいで細胞は活動を停止して次なる信号を待つ。秋の始まりとともに、激しい雷雨が根の部分まで染み込むと、細胞は再び活発となって成長を続ける。季節の変化に伴って、トリュフは新たな信号を受け取るが、気温か、湿度か、あるいは未知の微生物反応なのかはわからない。その結果、胞子が作られ、かたまりは大きくなって成熟する。これが私たちが食べ、盗み、どんな犠牲を払ってでも手に入れようとする子実体である。

だが、何をもってこのプロセスが完結するのか、どのようにして菌糸体から成熟したトリュフが形成されるのかは、依然として謎に包まれている。そして、途中のどの段階においても、菌の成長を妨げることが起こりうる。成功理論というのは概して結果につながらないものだ。「（トリュフの生態は）誰も知らない」とトラッペは認める。「だが、50年も60年も研究を続けていると、少なくとも5、6回はわかったと思う瞬間がある。たとえば、この天候のパターンが鍵だと考えたとする。ところが、そのうちに私の立てた仮説が見事に崩されてしまう」

トラッペはくすくすと笑って続けた。「だから面白いんだけどね。今年は、オレゴン州の西部では野生のトリュフの収穫量はかなり少なくて、1月になるまでは、ほとんど1個も採れなかった。でも、原因がわからないんだ。果たして、この謎を解ける人がいるのかどうか」

現代においても、こうした生育プロセスの条件や要素の多くがはっきりしないため、商業規模のトリュフ栽培は、向こう見ずの白昼夢だとばかにされることも多い。謎を突き止めたと思い込んでいるのは、専門家と錬金術師を足して2で割ったような人だろう。トラッペは言う。「生育過程はあまりにも複雑すぎて、解明にはほど遠いのが現状だ。トリュフが『信号を受け取る』という説明はしたが、その信号が何なのか、どのようにして木から菌に送られているのかは見当もつかない」

オレゴン州立大学を辞めてからも、トラッペはトリュフの謎解きを諦めなかった。コーバリスにある北太平洋研究所の名誉研究員として、驚くほどのペースで論文を発表し（合計数は４８８本、うち７本は雑誌に掲載され、取材時には12本が発表準備段階だった）、２冊の参考書を共同執筆し、新たなトリュフや近縁種を求めて世界中を飛び回っている。すでに１８４種を発見し、さらに15種の報告を準備しているにもかかわらず（本人曰く「世界はまだ発見されていない新たなトリュフに溢れている」）。そんなトラッペからメールが来た。「やろうと思えばもっとできるが、時間が足りない。もっとも、年も経験も重ねたいまは、もう数にこだわるつもりはない。ただやりたくてやっているだけだ」

これまでに南極とアフリカを除く、すべての大陸でトリュフを探してきた。最近は、オーストラリアのトリュフの多様性と栽培の実現可能性に夢中になっている。「まるでトリュフの天国だったよ」。トラッペは、オーストラリア人の同僚とともに行った政府の実地調査を振り返った。その同僚とは、彼がまだ大学院生だった頃に、１万キロ以上も離れた場所から「指導教官になってほしい」と連絡してきたときからの付き合いだ。「オーストラリアには２０００種以上のトリュフが生育していると考えられる。そのうち３００はすでに採集、分類されている。つまり私が調べるのは、あと１７００種だけだ」。トラッペは笑いながら付け加えた。数カ月後にはオレゴンを出発し、再び現地のユーカリ林を訪れることになっている。「北米でも、次々と新たな品種が発見されている。とにかく楽しくて仕方がない。これ以上、充実感のある仕事はないね」

ブルース・ハッチとビリー・グライナーは、どんぐりのことで頭を抱えていた。このふたりの独身男性は、いちばん近い町から30キロほど離れたセコイアの林の小さな美しい曲がり道沿いに住んでいた。カリフォルニア州、霧深いメンドシーノ郡北部のスパイロック通り９０００番地で、彼らはどんぐりを見張っていた。どんぐりは敷地内に雑草のごとく生えているひょろ長いタンオークやバレーオークから落ちてきた。

１９８２年のことだった。ハッチとグライナーは10年前にサンフランシスコで出会い、その後すぐに北部への移住を決めた。ハッチは何もない場所に17ヘクタールの土地を購入して自給自足の生活を始め、友人のグライナーも呼び寄せた。長年、都会でレコーディングスタジオや映画の編集施設を建設していたハッチは、すっかり疲れ切っていた。一方、岩や土が好きで無口なグライナーは、ニューイングランドの田舎に戻り、子どもの頃を思い出しながら父の農場で働きたいと願っていたが、トラクターが故障するまでは帰ってくるなと言われていた。

移り住んですぐに、長い金髪をポニーテールにしたグライナーは金を探して回り、林に分け入っては小川や渓谷を調べた。彼はジュエリーを作るのが好きで、林にいないときは作品作りに勤しんでいた。小さなことに喜びを感じるハッチは、ほどなく質素な生活に慣れ、人里離れた場所で友人が孤独と静けさを楽しむ様子を満足げに眺めていた。ふたりは地元の女性たちと話をしたり、ゆっくり座ってビールを飲んだり、豊かな自然を探検したりして時間を過ごした。時折、どんぐりで足を滑らせたりして。

ある日、どちらかが地元紙サンタローザ・プレス・デモクラットを手に取り、広告欄を眺めていると、ひとつの広告が目に留まった。ソノマ郡南部のサンタローザで苗木店を経営するフランソワ・ピカールというフランス人が、どんぐり（とりわけオークのどんぐり）を買いたがっているという。ふたりのどんぐりの山を見る目が変わった。早速、ありったけの袋にどんぐりをたっぷり詰め、それを車に積み込むと、グライナーが2時間半かけて高速道路を南に走り、ピカールとの商談に向かった。

それまでの数年間、フランソワ・ピカールはエスカルゴでカリフォルニアの市場を独占しようと考えていた。グライナーが着いたときには、縮れ毛に黒っぽいヤギひげ、長い顔で、早口の押し売りのような風貌をしたピカールは、何十万匹ものものもぞもぞ動くカタツムリの世話をしていた。冷凍したものはレストランや高級食品専門店へ、生きたままのものは意欲的なカタツムリ養殖場へ送られた。１９７８年には、庭でカタツムリを育てる方法について、イラスト付きの74ページの本を書いている。時にカタツムリは逃げ出し、サンタローザの地元民が自分の敷地内のさまざまな場所で見つけることもあった。しかし最近になって、ピカールはどうやっても台湾人にはかなわないことに気づいた。彼らは安い中国産カタツムリを大量にカリフォルニアへ送り始めたのだ。そこでピカールは、さらに成功の見込みの低い事業に転換することにした。

ペリゴールで豚が野生のトリュフを貪り食うのを見て育ったピカールは、１９８０年、その数年前にフランスのアグリ・トリュフ社が開発した黒トリュフの植菌技術の使用許可を得た。その方法で植菌された苗木は、フランスでは１９７８年にトリュフの人工栽培を成功させている。ピカールはアメリカのアグリ・トリュフとなることを目指し、トリュフ菌を接種した苗木を手当り次第に売り込んだ。それと同時に、原産地を問わず、さまざまな種類の木で実験を行った。苗木の販売、さらには大規模なトリュフ農園の設立によって、エスカルゴビジネスの悪夢を払拭したいと考えていたのだ。「もうカタツムリはこりごりだ」。彼はデトロイト・フリープレス紙の記者にそう語った。

あちこちを調べて回った結果、ピカールはテキサス州ドリッピング・スプリングスの石灰質土壌に苗木を植えることにした。テキサスの丘陵地帯を世界のトリュフの中心地とするつもりだった。彼は1ヘクタールにつき3万３０００ドル相当のトリュフを毎年生産できるとにらみ、早速、投資家の募集や土地の購入を積極的に進めた。

そんなピカールにどんぐりを売ったグライナーは、彼の無謀とも言うべき構想、つまり、黒冬トリュフを初めて原産地のヨーロッパ以外で栽培するばかりか、それを商業規模で実現させるという大それた考えに感銘を受けたに違いない。

家に帰ったグライナーは、ピカールの魔法にかかったかのようだった。アメリカでは、まだトリュフの栽培に成功した例はなかったにもかかわらず、大麻の違法栽培で最も有名な土地にピカールの苗木を植え、その収入で暮らすという計画をハッチに持ちかけた［訳注：大麻栽培はカリフォルニア州では２０１８年に合法化された］。ハッチは他の選択肢を考えながらも、「いいじゃないか」と答えた。少なくとも、新たなアグリビジネスは合法だった。

ふたりはピカールがトリュフ菌を接種したハシバミの苗木を１００本注文した。価格は1本当たり約12ドル。届いてからすぐに植える。グライナーはわが子のように大事に育てた。

４年後の１９８７年、林に出かけたグライナーは地面の割れ目につまずいた。トリュフ犬は飼っていなかったので、その場にしゃがんで土の中に手を入れてみる。トリュフに触れるなり、彼は大声をあげた。１００メートルも離れたところに住んでいる隣人たちが驚いて駆けつけた。クマに襲われたのか、心臓発作でも起こしたのかと思ったのだ。グライナーは目を丸くして突っ立っていた。そして、トリュフの内部にいた虫を取り除いてから、リンゴのようにかじってみた。

それから数週のうちに、他にも地面のあちこちに割れ目ができているのに気づいた。どれも5～8センチの大きさで、モグラの穴のようだった。ふたりはアイスキャンディの棒を突っ込んで定期的にチェックした。ほとんどの穴から「女性のこぶし大くらい」のトリュフが採れた、とハッチは説明した。

ヨーロッパの生息地以外で黒トリュフが採集されたのは、おそらくこれが初めてだった。偉業を成し遂げたふたりは、しばらくの間、自分たちだけで消費するにとどめた。卵と一緒に瓶に入れると、トリュフの香りが殻を通って卵に染み込む。同じ方法でトリュフバターも作った。ステーキ、パスタ、オムレツ、ファッジ。すべてが強い芳香を放つ新たな宝への道しるべとなった。

グライナーはトリュフを生み出す木を増やす実験を始め、収穫したトリュフのスライスを混ぜ込んだ無菌の土壌に切り取った木を植えた。あまり科学的な手法とは言えなかったが、素人風に見えても、この方法は功を奏した。グライナーは次第にエセ科学や迷信に傾倒するようになった。あるシーズンには成長したウサギを土に埋めた。別のシーズンには、ニューエイジのクリスタルを林のあちこちに落とした。作業量が比較的少なかった初期の頃でも、約100本の木で1万2000ドル（現在の2万5000ドル）の収入を得ることができた。

一方、ピカールはトリュフ事業からも撤退した。命運をかけてテキサス州に3000本以上の苗木を植えたものの無駄骨に終わり、会社を畳んで、兄の手がけるフランス発祥のアメリカ風ステーキチェーン店、〈バッファローグリル〉のフロリダ進出に携わった。

原産地以外でトリュフの栽培に成功したというニュースは、世界的なトリュフ不足を解消するための研究が盛んなフランスとニュージーランドにも伝わった。早速、両国の真菌学者がハッチとグライナーの林を調べにやってきた。アメリカ人がどうやって成功させたのか、ぜひとも知りたかったのだ。ふたりは科学者たちに林を案内し、運よく戦利品を見つければ客にふるまった。

だが、ひとたび成功を味わうと、グライナーはすぐに被害妄想に悩まされるようになる。科学者が訪れるのは、単に研究だけが目的ではないと思い込んだ。彼らの中にスパイが紛れていて、豊かな生活のために自分たちが突き止めた秘密を盗もうとしている。ニュージーランド人は侵襲性の真菌種をこっそり林に持ち込み、貴重な黒トリュフを壊滅に追い込んで生産を妨害しようと企んでいるに違いない、と。おかげで、もともと内向的だったグライナーは、ますます自分の殻に閉じこもるようになった。

そんなことはない、考えすぎだ、とハッチが言い聞かせようとしても、グライナーは耳を貸さなかった。「トリュフの栽培については、自分自身が最大の敵だった」とハッチは振り返る。ジョゼフ・タロンが初めて栽培家の不安を生み出した場所から何千キロも離れた森でも、どうやらトリュフは黒魔術を操っていたようだ。

１９８９年、ハッチは重度の大腸憩室炎にかかり、医師から病院の近くに転居を勧められた。そこでグライナーに土地を売って自分は南部に移住し、そこでブドウ園を買い、結婚もして、トリュフの人生は忘れた。それでもグライナーとは連絡を取り、折に触れて山岳地方に戻っては様子を見に行った。

林は順調で、収穫量は年々増えていった。やがて、グライナーと新たな住人のダン・リーディングの生産するトリュフは、地元のキャビア販売業者の目に留まった。サンフランシスコにある有名シェフ、ジェレミア・タワーの〈スターズ〉や、ニューヨークのフォーシーズンズ・ホテルに製品を卸している業者だ。

1994年にはウォールストリート・ジャーナル紙の記者が取材に訪れた。グライナーの生産量はフランスを超え、39本当たり5キロとなっていた。「大西洋の向こう側では、同じ量のトリュフを生産するのに約400本の木を必要とする」と記者のジョーン・リグドンは書いている。サンフランシスコのフランス料理店で、シェフがグライナーのトリュフとフランス産トリュフのブラインド試食会を開いたところ、客はどちらも同じくらいおいしいと判断した。グライナーもリーディングも、記者に対して成功の秘密は明かさなかった。

高い生産量と品質、ウォールストリート・ジャーナルの記事、非公開の方法。これらはすべて、魅力的な投資対象としてのセールスポイントとなる。さらに資金があれば友人の事業を拡大できる、とハッチは考えた。土地、木、木と木の間を耕すトラクターを増やせるだろう。そして、喜んで小切手を切ってくれる投資家を見つけたが、グライナーは会おうともしなかった。ハッチはこう語る。「彼は何もかも奪われてしまうことを恐れていたんだ。病的なほどの被害妄想だった……周囲の人とうまくやるほうが、疑心暗鬼になるよりもよっぽど順調に事が運ぶのに」

グライナーは最初にトリュフを生産した木から挿し木して、さらに何百本も増やして栽培を続けた。だが、日に日に世捨て人のようになっていった。2008年、グライナーは肺炎と敗血症のため、自宅でひとりで死んだ。58歳だった。2週間後に隣人が発見するまで、誰も彼の死には気づかなかった。６匹のトリュフ犬のうち、エースという名の犬が遺体をのぞき込んでいた。冷蔵庫には１キロ以上のトリュフが残されていた。

林は徐々に荒れ放題となり、やがて大麻栽培者が移り住んできた。

ハッチは真面目で、感情に走ったり大口を叩いたりするような男ではない。運転中でも私の電話に出てくれる。そのときは、テキサス州グランベリーの自宅近くを走っており、そのまま水浸しの橋を渡って突き進んだ。ゆっくりとした無表情な話し方で、口いっぱいに小石を詰め込んだようにもごもごして聞こえる。ハッチと話していると、彼が流れに身を任せるタイプの人間だとわかる。何ひとつ気に病んでいる様子はない。たとえ真夜中に小惑星が地球に衝突すると予測されていても、彼なら午後９時に歯を磨き、心地よい眠りにつくことだろう。それだけに、彼が昔の友人のことを被害妄想だと指摘するのなら、その友人はこの上なく激しい、手の施しようがないほどの被害妄想だったのだろう。「トリュフ栽培家はみんな秘密主義だ」。ハッチがそう言うのなら、疑う余地はない。そして、最近食べたトリュフの質について文句を言うようなら、じっと耳を傾けるべきだ。というのも、トリュフを食べることは彼が早口になる唯一の話題なのだ。

「どういうことなのかを知りたくて、ウルバーニ社のトリュフを買ってみたんだ。でも、僕たちが育てていたのと比べて、特に印象に残らなかった。僕たちのトリュフのほうが味が濃厚だった。僕は本物のトリュフの味を知っている。本物を知ってしまうと、簡単には騙されなくなるよ」。

そして、電話を切る前にこう言った。「万が一、どこかで素晴らしいトリュフに出合ったら、すぐに教えてくれ。ぜひとも買いたいからね」

被害妄想は、世界中のトリュフ栽培家や技術者を虎視眈々と狙っているようだ。より専門的なトリュフコンサルタントや苗木の供給元でさえ、データや特許を取得した方法の流出を警戒していた。

サマンサ・エリスはマイコリザル・システムズ社で事業開発を担当し、顧客からの問い合わせを分類している。同社はイギリスの科学者ポール・トーマスによって設立され、トリュフ苗木の販売とコンサルティングを手がける世界的な企業だ。トリュフの栽培を始める農家に菌を接種した苗木を売り、相談に乗るのが主な事業内容だが、エリスは顧客の中に、データを盗むことが目的の組織が紛れているような気がしてならない。最初のメールは特に怪しい点はなく、純粋に会社のサービス内容に関心があるように見える。ところが質問が始まると、だんだんと詳細なことを聞き出そうとする。たとえば、「トリュフ農園に本格的に投資を始めたい」というベルギーの会社は、「有益かつ専門的な意見と協力」を求めてきた。土地の選定、土壌、苗木の種類、農園の管理、犬について8つの質問を挙げたが、その後、苗木の購入には興味がないと言ってきた。「何年間も『検討中』という顧客がいて、支払いのことに話が及ぶと、たとえばわずか100ユーロのサンプル購入で、満足できなければ返金可能、もしくは一括購入の内金にするという場合でも、きっぱりと断わります」とエリスは説明した。

　彼女はトリュフ栽培に適した土地に関する一見、真剣な質問に答え、気候報告書の準備までしたが、メールを送った途端に音信不通になる。「そうしたケースの多くはデータ収集が目的だと思います。メールではとても丁寧なのに、『あなたの土地は栽培に適しています』と認めたら二度と連絡が取れなくなる。こちらから強引に売りつけるようなことはしません。だから、それが原因ではないと思いますよ」

　問い合わせる側が名乗ることを嫌がり、送信者名が表示されるメールではなく、留守番電話にメッセージを残して連絡を待つケースもある。最近、エリスがそうした相手に電話をかけると、トリュフの調達先、苗木の植菌方法、木の育て方、トリュフ農園の理想的な環境などについて、矢継ぎ早に質問をされた。その揚げ句に、今回は菌を接種した苗木を購入するつもりはないと言われ、電話は切れた。

　このように、相手が本当の栽培家かどうかを判断するのが難しいこともある。無料で情報を引き出そうとしているのか、あるいはライバル会社がスパイ行為を行っているのかもしれない。実際、マイコリザル・システムズが土地や栽培方法について助言した相手が、突然連絡が取れなくなったかと思うと、数カ月後にネット上で苗木のビジネスを始めていたこともあった。23カ国の農園からリアルタイムで収集する貴重なデータ、そして独自の調査に基づいた助言を提供するにあたり、同社はクライアントに対して守秘義務契約書に署名を求めざるをえなかった。

シャルル・ルフェーブルは、そうした秘密保持はばかばかしいと考えている。「現状では、企業にもコンサルタントにも有効な解決方法がありません。したがって、守秘義務契約書に頼るのは相手をコントロールするための手段なのです。栽培家は署名をしても、トリュフ栽培の秘密を教えてもらうわけではありません。教えてもらえれば、必ずトリュフを手にできるのですから」

ルフェーブルがトリュフに興味を持つようになったのは1990年代、当時オレゴン州立大学でオフィスを共用していた先輩のジム・トラッペ宛ての電話を何気なく取ったことがきっかけだった。電話の相手はトラッペにトリュフ栽培への協力を求めた。ルフェーブルの専門は松茸だったが、トリュフの植菌に力を貸すことになった。間もなく、トラッペの後押しもあり、ルフェーブルは自身のトリュフ栽培コンサルタント会社、ニューワールド・トリュフィエールを設立した。現在では、アメリカで最も信頼のおけるトリュフ苗木の供給元の1社に数えられている。ルフェーブルは顧客に守秘義務契約書への署名は求めない。

だが話を聞くうちに、ルフェーブルは植菌について言及した。私はオレゴントリュフの菌を接種した苗木を売る予定があるかどうか尋ねてみた。すでに苗木の準備はしているが、費用対効果の高い販売方法が見つからなかったという。私がなぜ費用がかかるのかを尋ねると、ルフェーブルはふいに非協力的になった。「それを説明するには、機密情報をお教えしなければなりません」と彼は笑いながら言った。

黒トリュフの生態については、ある程度は明らかになってきたものの、料理界の聖杯とも言うべきイタリアの白トリュフの場合、その栽培方法は深い謎に包まれたままだった。トラッペの考えでは、これまでに解明に近づいた者もいないという。「かつて誰かが、不可解に包まれた謎だと表現していた。私の知るかぎり、謎の解明は一向に進んでいない。胞子の接種が成功したという話は耳にするが、その成果（収穫されたトリュフ）は一度も目にしたことがない。大勢の人が挑戦しているのは間違いないだろう、特にイタリアでは。しかし、たとえ実際にトリュフを生み出した者がいたとしても、その方法は胸の奥にしまい込むはずだ」

白トリュフは、樹木以外の他の植物と何らかの共生関係を持つと考えられている。栽培実験は奇妙な結果の連続だった。菌糸体は形成されるが、トリュフができなかった。トリュフは形成されたが、植菌した木から１００メートル近く離れた場所だった……。現時点では、そもそもその木と共生しているのかさえも断定するのは難しい。白トリュフは発生時に木の根を必要とするが、その後は根から離れ、土壌中の腐敗物質を吸収するのではないか、と科学者は考えている。

いずれにしても白トリュフの栽培は不可能であるため、野生の森林で採集するしか手に入れる手段はない。だが、見つかる確率はほとんどゼロに近く、多くの場合、産地として名高い場所は短いシーズンの間、乱獲から保護されている。

第Ⅲ部 森・妨害工作

人は野獣の残忍さについて語ることがあるが、それはまったくの不公平で、野獣に対する侮辱に他ならない。野獣は人間ほど残酷にはなれない。芸術的なくらい残酷には。

――ドストエフスキー『カラマーゾフの兄弟』（１８８０年）よりイバンの言葉

第5章
消えた犬

素晴らしい野生のトリュフ採集地に行きたければ、秋にローマを出発するべきだ。エメラルド色の美しいティレニア海や街を取り囲む緑を後にして、標識と猛スピードで走る車、料金所だらけの高速道路で平静を保たなければならない。そして喧噪と森閑の境を越え、イタリア人が「山人の土地」と呼ぶアブルッツォ州に入る。暗く細い道を通って、そびえ立つ巨大なアペニン山脈の麓の小さな村に着いたのち、さらに細い山道を上っていく。だが、何よりも森林の静けさ、そして何ひとつ見つけられない可能性に耐えなければならない。

野生のトリュフは、ビリー・グライナーのように、トリュフが草から水分を奪うせいで乾燥して盛り上がった土を掘ると見つかるかもしれない。だが、ここイタリアでは、鬱蒼と木々に覆われた岩だらけの坂道で、大抵は夜明け前か夕暮れ時にトリュフを見つけるのは、訓練された犬の力がなければ不可能だ。熟練した犬はかすかな香りも逃さず、トリュフの埋まっている場所を嗅ぎ当てる。イタリアのトリュフハンターは慎重にパートナーを選ぶ。判断や訓練に失敗すれば、利益を得ることができないからだ。

金のためにトリュフハンター（イタリア語では「タルトゥファイ」と言う）になる者もいれば、冒険、狩り、森に埋まった宝を見つけるロマンに惹かれて始める者もいるが、おそらく誰もが、多かれ少なかれ犬との共同作業に魅力を感じるのではないだろうか。ハンターと犬は特別な心の絆を築くことができる。人間は犬の動きを、ほとんど気づかない些細なレベルまで理解し、犬は人間の動きを理解するようになる。互いに観察し合い、多くの場合、耳に聞こえる合図を出さずに慎重に共通の目的へと向かっていく。人間はそうした犬の行動を愛おしいと思うだけでなく、犬を理解し、敬意を払う。そうして年月を重ね、何度となくトリュフを発見するうちに、どちらにも離れがたい愛情が生まれるのだ。

ルカ・フェガティッツリは、トリュフハンターになりたいと思う前から犬を飼いたいと思っていた。なかでもブルドッグが好きで、どうしても買いたかったが、３カ月の子犬が１５００ユーロと、とても手の届かない金額だった。アブルッツォ州アベッツァーノの工場で、工業用アルミの塗装工として稼ぐ給料のほぼ1カ月分だ。さらに、そこから東へ20分のチェラーノという寂れた町にある自宅の家賃も払わなければならなかった。

チェラーノはローマの北東に位置し、高速道路A24号線を飛ばせば80分の距離だが、イタリアの輝かしい都とはまるで別世界のようだった。人口1万1018のチェラーノは、自然豊かなアブルッツォ州の玄関口に当たる。山の上に孤立した町にやっとのことでたどり着いても、他の地方のイタリア人でさえ理解できないほど訛りが強い。住民は皆が顔見知りで、田舎の風習が色濃く残っていた。

ブルドッグはとても買えないと諦めてからしばらく経ったある日、フェガティッリは父親とともに西隣のラツィオ州の村に仕事で出かけた。父親は便利屋で、オーク林に囲まれた家の水道管修理に呼ばれたのだ。作業中、家の主人がボーダーコリーを従えて近づいてきた。「面白いものをお見せしましょう」。主人を先頭に、一行は500メートルほど山を登った。

そこで主人は、お気に入りのトリュフ狩りの場所は教えないという伝統を破った（父親は死の床につくまで息子にも秘密の場所を教えてはならない）。犬も自らの役割を心得て、においを嗅ぎ、走り回っては止まった。鼻をクンクンさせ、あちこちへ駆けていく。やがて、ふいに木の根元の地面を前足で掘り始めたかと思うと、穴に鼻先を突っ込んで、何かを口にくわえた。そして駆け足で3人の元に戻ってきて、泥がまだらについたキノコを主人に差し出した。キノコを探して、掘って、届けた犬は、再び別の木のところへ駆け戻って同じことを繰り返した。

はっきりとした命令もなく、犬がその一連の動作を行う様子は、まるで手品でも見ているようだった。探して、掘って、届ける。ひたすらそれの繰り返し。トリュフが土の中から食卓へ運ばれるプロセスの始まりを目撃した瞬間、フェガティッリはそのリズミカルな動作に心を奪われた。リストランテで出される白トリュフのタリアテッレの裏で、調理、計量、買い付け、仲介、輸送、交渉といった、人間が作り出した経済および組織の制度の陰で、それらをすべて支えているのが人間と犬との関係だけだという事実には、魅了されないほうが難しかった。

犬への関心が新たな方向へ動き出したフェガティッリは、早速、初めての犬を買って家に連れ帰った。耳が垂れて毛が長いイタリアンポインターだ。フェガティッリの父親は30年以上前から釣りを楽しみ、世界大会で優勝した経験もあったが、息子ほどトリュフ狩りには興味を示さず、家の中で犬を飼うことにも反対した。そこでフェガティッリは犬を飼うための場所を探し始め、町外れの木立に小さな土地を見つけた。そこならケージを置いて、ちょっとした野菜を作ることもできる。近くには人家が何軒かあるだけだった（アメリカではなじみのない習慣だが、自宅から離れた屋外で犬を飼うことはヨーロッパでは珍しくない）。

子犬を連れて山に入り始めたフェガティッリだったが、すぐにマッキア（イタリア語で「染み」の意味だが、もう少しましな「ぶち」とも訳せる）がトリュフには見向きもしないことに気づいた。それよりも獲物を追いかけるのに熱心で才能を発揮した。「猟犬に無理やりトリュフを見つけさせるわけにはいかない」。アベッツァーノの小さなメイン広場の隅にある〈グラン・カフェ〉で、フェガティッリはそう話した。周囲は男たちの怒鳴るような声や、あちこちでひっきりなしに響くエスプレッソのデミタスカップをソーサーに置く音でやかましい。「俺は狩りをしないから、マッキアはペットとして飼うつもりだ」

フェガティッリはひょろりとした195センチ近くある長身の青年だ。こげ茶色の目、やや褐色がかった肌、ごわごわしたひげはあごの先がやや長く、先端がカールしている。頭はくるくるの黒髪。無口で、低く穏やかな口調で話す。イタリアの田舎の男にありがちな、歌うように大げさにしゃべったり興奮したりといったこともない。カジュアルだが洗練されたボタンダウンのシャツにウインドブレーカーをはおった姿は、労働者階級のヒッピーといった感じだ。ぶっきらぼうだが、垢抜けたハンサム。外観はこわもてだが、やさしさが見え隠れしている。小さなハート型のピアスをつけ、心からにっこりと笑う。何かを説明するときには、手のひらを外に向け、まるで車を磨いているように小さく円を描きながら手を動かす。

マッキアの訓練が難しいとわかると、彼は本物のトリュフ犬に大枚をはたくことにした。初代のラゴット・ロマニョーロ（ロマーニャ地方原産のウォータードッグ）で、優秀なトリュフ犬として訓練しやすいことで知られている。ブッフォ（イタリア語で「おかしな」の意）は小さくておっちょこちょいだったが、専門のトリュフ犬トレーナーの訓練を何回か受けると、トリュフを掘り出す才能を開花させた。ブッフォと一緒にトリュフ狩りを始めるなり、フェガティッリはその魅力の虜になった。それと同時に父親もにわかに興味を示し、ついには釣りをやめて、新しい犬と一緒に森林に出かけ始めた。

フェガティッリは2匹目のラゴット、キンダーをプレゼントとしてもらった。このペアはたちまち特別な関係になった。ブッフォは父親と共有だが、キンダーは自分だけの犬だった。フェガティッリとキンダーは毎日のように連れ立って出かけ、日が暮れるまで山で過ごした。

やがてフェガティッリは、雄犬はつがいになることが必要だと気づいた。そこでラゴットの子犬をもう1匹買って、犬小屋に連れていった。不幸にも、その子犬はマッキアと喧嘩した揚げ句に死んでしまったが、そのことが思いがけない結果をもたらした。ほどなくフェガティッリは、ガールフレンドからサバティーナという名の同じ母犬を持つ雌の子犬をもらった。

「そのタティーナ（サバティーナの愛称）が素晴らしい犬だったんだ」とフェガティッリは振り返る。生後2カ月で、タティーナは本物のトリュフ犬とはどういうものかを教えてくれた。小さなプラスチックの卵にトリュフの破片を詰め、タティーナに見つけさせるために土の中に埋めていると、犬はその訓練用の穴を離れて近くの林へ駆けていき、猛烈な勢いで地面を掘り始めた。それが自分の役目となるはるか前に、本物のトリュフを見つけたのだ。3カ月になる頃には、どこからどう見ても完璧に訓練された犬だった。4カ月では、すでに2歳半のブッフォといい勝負になり、7カ月の頃には、山で出会うベテランのトリュフ犬をも負かすほどだった。

フェガティッリは語る。「主人のためにトリュフを見つける犬がいる。主人を喜ばせるために。その一方で、本能のままにトリュフを見つける犬もいる。そういう犬は、トリュフを探すために生まれたんだ」

優秀なトリュフ犬を見つけて訓練するのは、たやすいことではない。もっぱらひとつのことに集中して、森林のあらゆる光景や音をシャットアウトする能力が求められる。多くの場合、代々使役犬として活躍している血筋であることが前提となる（できれば父方も母方も8世代）。しかも、かなり利口でなければならない。ラゴット、シェパード、レトリバーといった犬種が好まれる。

訓練は、まず狭く、目の行き届く場所に埋めたトリュフのかけらを見つけることから始まる。数週間でそれを習得したら、すかさず次の段階に進む。今度は広い空き地に間隔を置いて埋められた、さまざまなサイズのトリュフを探す。この段階で迷いが見られるようなら、犬がトリュフをひとつ残らず見つけるまで、トレーナーは時に何カ月間も辛抱強く待ってから次に進む。犬が苛立ちを見せたら、数日間の冷却期間を置いてから訓練を再開する。反対にトレーナーが苛立ちや焦りを見せると、犬は敏感に察知して、マイナスの影響を及ぼす。

空き地でにおいを嗅ぎ当てられるようになれば、いよいよ森林で訓練を始める。森林では、トリュフの香りは風に流されたり、他の動物のにおいに混じったりしやすい。通常、最初は経験を重ねた成犬がリードするかたちで練習する。最終的な目標は、生後1年前後の子犬が、何も命令されずにトリュフを探し、運んでくることだ。だが、たとえうまくいったとしても、現実的にはそこまで達するのに何年もかかるかもしれない。

しばらくすると、熟練のハンターは「グループ作戦」を採用することもある。1匹の犬がハンターのそばにとどまって周囲をチェックする間に、もう1匹は少し離れ、ハンターの目に見える場所を探す。そして最も経験が豊富で優秀な犬は、完全に姿を消し、森林の中を何百メートルも分け入り、大きなトリュフを口にくわえて戻ってくるのだ。いずれの犬も、ハンターを中心とした同心円の範囲内で行動する。探す範囲が広いということは、より多くのトリュフを見つけ、それだけ利益になるということだ。しかし多くの場合、それは単なる夢で終わってしまう。

ところがフェガティッリは、見事に成功した。リーダー犬を務めたのはタティーナだった。通常のトリュフ狩りを数年間続けたのち、２０１２年2月のある朝、フェガティッリは目を覚ますと、チェラーノの石灰岩の山に登ることを思い立った。だが、町の周辺の道は雪に埋もれている。ロシアからの冷たい風が東欧を吹き抜け、アドリア海を越えて、フチーノの肥沃な谷床を臨む丘にへばりついたルネサンス時代の石の町にまで到達した。

例年とは異なる気象パターンが数十年ぶりの大雪をもたらしたせいで、ローマでは交通が麻痺し、閉じ込められたドライバーは道端に車を乗り捨て、市民たちは市長の辞職を求めて抗議した。ローマ教皇ベネディクト16世も、真っ白なサン・ピエトロ広場を見下ろす窓から信者たちに呼びかけた。「雪は美しい。しかし早く春が訪れるように祈りましょう」

たくましく力にあふれたフェガティッリは、もう少し落ち着いて対処した。あの大雪の日は、シレンテ山南部の森にあるお気に入りのトリュフ採集場まで上るのは無理だと判断した。だが、町の深い雪だまりは、毎日欠かさない〝犬詣で〟を中止する理由にはならなかった。フェガティッリは滑りやすい道をジープで出かけた。事故もなく、1キロ離れたケージのある場所までたどり着く。着いてみると、ケージまで近づけないほど雪が積もっていた。さらに雪が舞うなか、フェガティッリはスコップを握りしめ、緊急の脱出路を掘った。
どうにか掘り終えてゲートを開け、餌をやり、開通したばかりの冷たい雪道に4匹の犬を放した。犬たちがさんざん飛び跳ねて疲れると、フェガティッリは4匹をケージに戻してから車に引き返し、クンクン鳴く犬たちを残して走り去った。

翌日になると雪は溶け始め、山へ上る道は少しずつ通行可能になった。これで、また森へ行って金を稼ぐことができる。だが、フェガティッリが期待していたのは金だけではなかった。彼は教えてくれた。「犬を連れて山へ行くことの何が楽しいか、それは行ってみないとわからない。静けさと安らぎだ。もちろん景色も美しい。でも、何よりも心が安らぐんだ」。ところが、フェガティッリがジープに乗っていくと、ケージは空っぽだった。犬がいなくなっていた。彼は驚いて、パニックになりながら周囲を捜し回った。何かの拍子に逃げ出して、すぐに戻ってくるに違いないと自分に言い聞かせた。だが、そのとき雪の上に見慣れない足跡が残っているのに気づいた。マッキアだけがケージの中で哀れっぽく鳴いているのを見て（相変わらずトリュフを掘るよりも獲物を追いかけるほうが好きだった）、フェガティッリの不安は怒りに変わった。何者かが自分を見張っていて、マッキアはトリュフ犬ではないことを知っていた。その人物がタティーナとブッフォとキンダーを連れ去ったのだ。

少しずつショックが収まると、彼はチェラーノの小さな憲兵隊駐在所に電話をかけ、ケージから犬が盗まれたことを通報した。きちんと捜査をしてほしかった。憲兵隊が到着すると、フェガティッリに状況を尋ね、報告書を作成するためにメモを取った。やがてフェガティッリは、犬泥棒の処分が考えていたほど厳罰ではないことに気づき始めた。形式的に現場を見回る以外は、憲兵隊は物的証拠を集めることにも関心がなさそうだった。足跡を記録しなくてもいいのかとフェガティッリが尋ねると、悪びれもせずにカメラを駐在所に忘れてきたと答えた。

憲兵隊が帰ると、フェガティッリは改めて駐在所まで行き、盗まれた３匹のラゴットに埋め込まれたマイクロチップの個体識別番号を届け出た。獣医か森林警備隊が、一致する番号を発見したら、その犬が盗難犬だとわかり、警察に居場所を伝えることができる。

だが、何日過ぎても捜査に進展はなかった。フェガティッリは再度、駐在所を訪ねたが、新たな情報は何もないと言われた。不満を爆発させ、彼は憲兵に詰め寄った。「ちゃんと調べてください。一体、何をしているんですか？」

「まあまあ、落ち着いて。いま調べていますから。心配しなくて大丈夫ですよ」

フェガティッリは引き下がらず、同じようなやり取りが何度も繰り返された。具体的な進展がなく、工場の仕事もほとんど手につかないせいで、頭の中では疑念が渦巻き、自分の落ち度を責め、さまざまなことを考えた。「最初は誰もが怪しく思えた。だから誰も疑わなかった。だが、犯人は間違いなく身近な人物だ」。そう語るフェガティッリの口調は険しかった。

マッキアを残していったのは、犯人が山の中で彼の行動をひそかに見張っていたからに他ならない。2010年に本格的にトリュフ狩りを始めた頃、まだ何も知らなかったフェガティッリは、イタリアでは全般的に口の堅い熟達したトリュフハンターが決してしないことをやらずにはいられなかった。褒美にトリュフを与えたのだ。当時、この仕事に対する彼のイメージは「利己的」ではなかった。「僕と犬たち。それだけだった」。フェガティッリは自分の目覚ましい成功が同業者の嫉妬を買うことにも気づいていなかった。その頃、彼の犬はまだ子犬だったが、100キロものトリュフを見つけ、腐ってしまう前にすべて売ったり食べたりするのに苦労するほどだった。採れたのはもっぱら黒いサマートリュフだったが、それでも市場価格は3万ユーロ近くにもなり、イタリアの平均的な労働者にとっては破格のサイドビジネスだ。しかも、工場で通常のフルタイム勤務をしていた、ほんの数カ月の間の収穫量だった。

急に羽振りがよくなったフェガティッリは、仕事に嫌気が差した同僚の注意を引いたに違いない。そして、子犬のうちにそれだけの成果をあげていれば、将来、優秀なトリュフ犬になることは約束されたようなものだった。犯人は業界の事情に通じていて、犬が最も高値で売れる2歳半前後に達するまで待っていたのだろう。

彼の犬が消えてから数カ月後に、知り合いのトリュフハンターも被害に遭った。だが、そのハンターは運がよかった。犬が盗まれたときには新たな子犬の訓練の最中で、成犬よりも成果をあげるようになっていた。子犬ではなく成犬が狙われたのは、犯人がそのハンターを尾行し、成犬のほうが頻繁に山中に同行しているのを見ていたからではないか、フェガティッリはそうにらんでいる。

彼は自分も同じように後をつけられたと信じて疑わない。おそらく手の込んだスパイ行為が行われたのだろう。相手は通常のハンターのように車で採集場に乗りつけるのではなく、離れた場所に車を停め、犬を連れずに徒歩で山に入り、その一帯のハンターを監視しているのだ。完全に気配を消して。木立の間を尾行されれば、フェガティッリは気づいていたはずだ。他のハンターと同様、彼もお気に入りの道をひとりで歩き、誰かと鉢合わせたり、邪魔されたりすることはない。少しでもいつもと違う動きがあれば警戒心を抱くだろう。犯人は遠くから、狩猟用の迷彩服に身を包んで双眼鏡で山に目を凝らし、どのハンターと犬が最もトリュフを採っているのかを探っていたのだ。フェガティッリがブッフォやキンダー、タティーナを連れて山中を歩き回るのを見ていた。たまにしか森に来ないハンターは除外され、頻繁に姿を現わすフェガティッリが目をつけられたのだろう。優秀な犬がいて成果をあげていなければ、それほど多くは来ないことを知っていたからだ。時間をかけて、複数の候補の中から彼に狙いを絞った。そして森を出て車に戻るのを見て、犬のケージを置いてある場所まで尾行した。さらには監視カメラの有無をチェックし、彼が犬の様子を見にくる時間を調べ、マッキアが役に立たないことまで突き止めた。「１日ではなく、長期間にわたって調べたに違いない」

アブルッツォ州では、犬の密売買を手がける全国的な組織の末端グループが活動していると、フェガティッリは考えている。彼らは広域ネットワークを利用して盗難犬を近隣地域から素早く移動させるため、被害者やその仲間が狩りの最中に盗まれた犬に出くわすことはない。ひょっとしたら、各州の組織がひそかに集まり、その場で盗難犬の売買や取引の仲介が行われているのかもしれない。

時間が経つにつれ、ラゴット犬たちとの再会の希望は徐々に薄れてきた。しかし怒りは収まらず、フェガティッリは何としてでもトリュフ狩りを再開するつもりだった。彼は新たに3匹の子犬を買い、スプーニャ（「スポンジ」の意）、スクービー、ロージーと名づけた。そして今度は専門家の手を借りずに、3匹とも自分で訓練することにした。

クリーム色がかった茶色のラゴット犬のスプーニャは、体重はわずか5キロだったが、たちまちリーダーとして頭角を現わした。身体は小さいが、そのぶん活発で、ものすごい勢いで地面を掘った。雑種犬のスクービーもよく働き、白トリュフを見つけることにかけては、もう1匹のラゴット犬であるロージーがずば抜けていた。フェガティッリは3匹がそれぞれ、初めて本物のトリュフを発見した場に居合わせ、初めて歩くわが子を見守る親のような心境になった。しかし訓練をしながらも、頭の中には常に犬泥棒のことがあった。彼らがどこにいようと公然と挑発しているつもりで、怒りをエネルギーに、そして犬を守り抜く気持ちに変えた。いわば復讐だった。卑怯なコソ泥には二度と手を出させまい。

この一件をきっかけに、フェガティッリは人前での態度にも注意するようになった。自分の犬がどれだけトリュフを見つけられるかということは話さず、採集の穴場も誰にも教えなかった。２０１２年から２０１３年にかけてのシーズンは順調だった。

２０１３年から２０１４年の繁忙期が始まる前に、フェガティッリは通勤時間を短くするために、チェラーノからアベッツァーノに引っ越した。その結果、ケージがある場所から遠くなったので、犬の世話は父親と分担することにした。フェガティッリは工場勤務の合間に様子を見に行き、父親は夜に訪れていた。

８月のある金曜日、ふたりはアベッツァーノで会う約束をした。ところが、いつも10分前に来て「絶対に遅刻はしない」父親が、時間になっても現われなかった。嫌な予感がして、フェガティッリは電話をかけた。「父さん、どこにいるんだ？　何かあったのかい？」

父親は投げやりな口調だった。「どこにいるかだって？　犬を捜してるんだ」。トリュフ犬がどこにもいない、と父は説明した。そして、またしてもマッキアだけが残されていた。

「泥棒はポインター犬には興味がないということですか？」と私は尋ねた。「かわいいだけで、何の役にも立たないからよ」。フェガティッリのガールフレンドがイタリア語で口を挟む。そして「お金にならないから」と英語で付け加えた。

フェガティッリが駆けつけると、ロックは壊され、ケージは開いていた。最初のときに感じたのが怒りだとしたら、今度は悲しみと、どうすることもできない無力感だった。警察に盗難届を提出しても、新たな犬を買っても、問題は解決しない。何をしようが犬泥棒は彼を調べあげ、穴を見つけ、襲撃を企てるだろう。このときは、自ら訓練した犬たちだっただけに、一層心が痛んだ。

私がフェガティッリから話を聞いたときには、2度目の盗難から2年以上が経っていたが、その目は依然として苦しみが消えず、口調には悲しみがにじみ出ていた。犯人に対して怒りを覚え、警察には失望し、明らかに傷ついている。フェガティッリは感受性が強く、内省的で、心から犬を愛していた。それだけに、いまだ立ち直ることができず、トリュフ狩りを再開する力が自分に残っているかどうか判断しかねていた。そして、いまでも事件の真相を知ろうと努力していた。2度目の盗難の直後に、イタリアのチェントロ紙に対して語ったように、「犬たちはブラックホールに消えた」。

地元紙の記者でもあるブロンドで青い目のガールフレンドは、フェガティッリの横に座り、ときどき私の質問に答えたり、彼の話に口を挟んだりした。彼女は最近になって、もう一度、森に戻るきっかけになるかもしれないと考え、コッカースパニエルをプレゼントした。フェガティッリは絶対にトリュフ狩りを再開すると信じているのだ。「諦めたら犯人に負けたようなものだわ」

アブルッツォ州のハンターが、この競争の激しい世界で生き残ろうとしたら、犬や土地を守ろうとする固い決意と潤沢な資金が必要となる。犬と寝床をともにするハンターもいれば、高額なセキュリティシステムに投資する者もいる。

一方で、盗難被害については届け出も口外もしないケースが多い。このビジネスには危険がつきものだという暗黙の了解があるのだ。窃盗犯に狙われても、何事もなかったかのように新たな犬を購入し、トリュフ狩りを再開する。ワインを飲みすぎて酒場で愚痴をこぼすこともあるが、それでおしまいだ。ほとんどの場合、沈黙が森林を支配している。

トリュフ採集に関する法律は、大部分が些細な手続き上のものに限られていた。採集の期間、1日当たりの制限量、犬が発見したトリュフを掘るための道具のサイズ。ハンターが受ける、より重要な中傷的行為については明確に規制されていない。無数のルールや必要条件はハンターに責任を負わせる一方で、その見返りとなる保護は与えないのだ。

しっかりとした法基準が存在せず、その上、自己防衛のために危険を受け入れれば、正義の追求はなおざりになる。ハンターは、地元の国家憲兵隊に正式な被害届を提出するのは時間の無駄だと見なすだろう。憲兵隊はこの手の犯罪にはほぼ無関心で、捜査状況の報告も中身がない。フエガティッリが憲兵隊と森林警備隊の捜査責任者に会いにいくと、どちらも犬がアブルッツォ州の外で売買されている状況を把握し、容疑者の手がかりも掴んでいるとのことだった。にもかかわらず、逮捕には至らなかった。そのためにはより綿密な、噂ではなく絶対確実な証拠を押さえられるような捜査が必要だが、彼らはそれだけの熱意は持ち合わせていなかった。

フェガティッリとガールフレンドは、最近になって、アブルッツォ州で頻発している犬泥棒の対策活動を個人的に始めた。まずはメディアを利用して情報を広めたいと考え、彼女は事件の顛末を記事にし、この犯罪を取り巻く秘密主義を非難した。より多くのハンターが沈黙を破って盗難を公表し、その結果、犯人は捕まるのを恐れて逃げ出すことがふたりの目的だった。フェガティッリは、監視されているかもしれないという不安を抱かずに、自由に山の中を歩き回れる日が来るのを夢見ている。

それと同時に、法律の改正も望んでいた。現在のイタリアでは、犬泥棒は重罪とは見なされていない。マスメディアがほとんど取り上げないこの問題を世間に訴えれば（ふたりともアメリカ人の私が関心を持っていることに大喜びだった）、議会や法の執行機関を動かすきっかけとなるかもしれない、フェガティッリたちはそう考えている。犬泥棒を重罪として、懲役刑を科せるようにすれば、犯罪は減るのではないかと。

仮に体制が整ったとして、こうした事件は、国家憲兵隊ではなく森林警備隊が主体となって捜査を行うべきだというのがふたりの意見だ。町や村に駐在する憲兵隊は山林の事情に疎い。それに対して、森林警備隊の管轄は山中なので、ハンターが活動する森林を隅々まで知り尽くし、山道を車で飛ばす走り屋とも顔なじみだ。それだけに、自然界の至宝が引き起こしている問題を根絶することに関心を持っているかもしれない。

２度目の盗難からしばらくして、フェガティッリは友人から電話をもらい、近くの山へ行くよう言われた。盗まれたラゴット犬の１匹を見たというのだ。フェガティッリは犯人を捕まえようと息巻いて出向いたが、あいにく自分の犬ではなかった。「こんなことは言いたくないが、いっそ犬が死んだほうがいいのかもしれない。そうすれば気持ちに整理がつくから。盗まれてしまえば、いつかまた会えるという希望が捨てられない。もちろん虚しいだけだ」とフェガティッリは語る。その可能性はきわめて低い。フェガティッリの脳裏には、山に登ると、ラゴット犬たちが何事もなかったように駆け下りてくる光景が何度となく浮かんだ。

折に触れてひとりで山を歩くこともある。犬たちがいなくなって久しい。いまごろはおそらく近隣のラツィオかモリーゼのどこかにいるのだろう。あるいは、はるかウンブリアやマルケの山中かもしれない。犬の生まれや訓練を偽って売られたハンターとともに。

消費者に対して、もっぱら美しくロマンチックなイメージを作り上げた業界全体のやり方も、ある意味では似たようなものかもしれない。「彼らはテーブルの上にあるトリュフを見ても、それ以前のことは何も知らない。闇の世界は知らないんだ」とフェガティッリは言う。４台の監視カメラが見下ろすなか、マッキアがケージの中でぽつんと座っていたことを、消費者は知らない。犬が消えたときのトリュフハンターの悲しみも知らない。フェガティッリが新たなラゴット犬の購入を考えるたび、夕暮れとともに、またしてもブラックホールが口を開けるのではないかと不安になることも。

チェラーノの東60キロほどに位置するスルモーナへの道は、オレンジ色の葉に覆われた山麓の丘を突っ切っている。岩だらけの山は雪を頂いていた。長いトンネルをいくつか抜けてから、私と通訳は高速道路を降り、常緑樹の山の巨礫を通り過ぎた。

町外れの陸橋に近い道の端で、60名近いハンターが登録するアブルッツォ州のトリュフ協会の会長と副会長が待っていた。ふたりは私たちを車に案内し、歓迎の印に、蛍光の黄色のハンティングベストと協会の深緑色の帽子をくれた。どうやらツアーを企画しているらしい。この場所をトリュフ通の人々に薦めてもらおうとしているのだろう。お世辞にも活気があるとは言えない、この場所を。

スルモーナ、ひいてはアブルッツォ州全体のトリュフビジネスも、お世辞にも有名とは言えなかった（もっとも、スルモーナは砂糖でコーティングしたアーモンド菓子で知られている）。100年以上の歴史を誇る老舗ガイドブック出版社であるイタリア旅行協会が編集した『イタリア・トリュフ・ガイド』の2002年版では、どちらの名前も索引に掲載されていない。しかし北はウンブリア州、西はラツィオ州、そして南端に沿ったモリーゼ州に取り囲まれた、地図上のこの空白地帯は、実は驚くほど多くのトリュフが採れる。ただ、ピエモンテ州のアルバやウンブリア州のノルチャの名を世界に知らしめたような、巧みなマーケティング戦略に欠けているだけだ。アブルッツォ・トリュフ協会の会長レンツォ・チウッフィーニと副会長ジョバンニ・グリッリは、気まぐれなトリュフ地図の製作者に対してても食ってかからんばかりの勢いだった。

　年上のチウッフィーニは、真っ白い口ひげと縁なし眼鏡の上のもじゃもじゃの眉がトレードマークで、グレーと青のアーガイル模様のセーターに、禿げ頭と尖った耳の先を覆うグレーのニット帽をかぶっている。彼は助手席から太いバリトンの声で会話をリードした。日に焼けたしみだらけの顔や鋭い知覚は、船長と言っても通用するだろう。彼より若いが、やはり禿げているグリッリは忠実な甲板員といった雰囲気で、黙々とハンドルを握っている。口を開くのは、どうしても言わなければならないことがあるときだけだった。チウッフィーニの真剣で堂々とした口調からは、仲間とともに組織の運営を担っている誇りが感じられた。ふたりとも、森林を見張ってトリュフを守ることが自分たちの義務だと信じていた。「われわれはトリュフの番人です」

「何から守るんですか？」。私が尋ねると、チウッフィーニは興奮して早口で脅威をまくし立てた。おかげで通訳は、ゆっくりしゃべるよう頼まなければならなかった。その間にも、ディーゼルエンジンのＳＵＶは風を切って2車線の道路を渓谷へ向かって走っていく。

「トリュフビジネスのほとんどがブラックビジネスです」。チウッフィーニは説明する。州にも国にも、複雑なサプライチェーンの第一段階であるハンターから仲介業者への販売に対して、量および産地に関する明確な法規制は存在しない。仲介業者は購入をまったく申告しないのは不自然であるため、通常は過少申告し、ハンターの分も肩代わりして消費税の一定の割合を政府に支払う。一方のハンターは何も申告する必要はなく、大部分は匿名のまま活動しているため、責任は一切生じない。

「この大金を目当てに、犬を連れずに森林に入ってトリュフを掘る人が大勢います。トリュフの保護にはお構いなしに」。チウッフィーニは嘆いた。そうした人々はむやみに森林を歩き回り、トリュフが共生する木の根元をシャベルで乱暴に掘り返す。その結果、トリュフの成熟が妨げられ、木の根との共生関係が破壊されて、次のシーズンもトリュフが育つ確率が低くなるのだ。

スルモーナの迷路のような細い道を抜けると、すぐに田舎道に出た。チウッフィーニが右側を指し示す。わずかな木々の隙間から彼の所有する土地が見えた。以前はそこでラゴット・ロマニョーロを3匹飼っていたという。いずれも血統書付きで、マイクロチップを埋め込み、彼自身の手で訓練を行った。

2014年8月11日、フェガティィッリが2度目の盗難被害に遭ったおよそ1年後に、チウッフィーニのもとにローマからカップルが訪ねてきた。その数年前に彼が子犬を売った相手で、その犬はトリュフ犬のコンテストで優勝した。そのチャンピオン犬にチウッフィーニの雄犬を交配させたのだ。確実に妊娠させるため、カップルは雌犬を数日間アブルッツォに残してローマに戻ろうとした。

だが、チウッフィーニは頼んだ。「お願いですから、ここに置いて帰らないでください。もし何かがあれば、私は責任を取りたくありません」。その数カ月前から、一帯で犬の盗難被害が頻発していた。チウッフィーニは特に心配しているわけではなかったが、高価な犬をその他の犬と一緒にさせたくなかった。おまけにもう１匹、友人に訓練すると約束した子犬をすでに犬舎で預かっている。カップルはやや戸惑ったものの、言われたとおり犬を連れて帰った。

翌朝、夜が明けると同時にチウッフィーニは息子の家から別の子犬を連れてきて、成犬のもとで訓練を始めようとした。ところが遠目に見るなり、ゲートが開いているのに気づいた。一瞬、友人の子犬が壊して開けたのかと思った。だが、いつもは興奮して騒ぐ他の犬たちが静かだ。開いたゲートに近づいてみると、鍵が壊されて、犬は１匹もいなかった。チウッフィーニは悲しみに言葉を失い、呆然として家に帰った。知らせを聞いた妻は泣き出した。もう少しでチウッフィーニも泣きそうになった。連れ去られた犬のうち、１匹はもはやトリュフ狩りもできず、特別な薬を与えなければ生きられない状態だった。

一部始終を私に語る彼の口調には、いまでも激しい怒りがにじみ出ていた。ラゴット犬たちが姿を消した翌日、チウッフィーニはローマに帰ったカップルに電話をかけ、彼らの雌犬のつがいの相手が盗まれたことを伝えた。ふたりが連れ帰っていなければ、チャンピオン犬もいなくなっていただろう。あるいはチウッフィーニが盗んだと疑われていたかもしれない。彼は警察に被害届を提出したが、何の意味もなかった。

フェガティッリと同じく、チウッフィーニも組織的な密売ネットワークの存在を確信している。盗難犬に埋め込まれているマイクロチップを除去し、発見されないようにするのが彼らの手口ではないか（森林警備隊の話によれば、除去はそれほど難しくなく、費用もかからないという）。

そして、やはりフェガティッリと同様に、犯人は他の州から指示を受け、犬はすぐに売られるに違いないと考えている。

チウッフィーニとグリッリは、そうした犯罪に関わる人間をできるかぎり減らすべく尽力している。チウッフィーニは警察機関との協力の構想も明らかにしたが、地域ごとの対応のばらつきが障害となっていた。スルモーナの森林警備隊は、山中で活動するトリュフ犬のマイクロチップを特殊な装置で確認するが、南部のモリーゼやカンパーニャなどでは、そこまで手間をかけていない。

アブルッツォ州公認のトリュフブランドを立ち上げれば、仲介業者から卸売業者、レストランへと売られていくトリュフの産地、採集量、採集日付の申請をハンターに義務づける法律を整備することができる。そうすれば、不正な利益が明るみに出るだろう。そうした情報公開や説明責任の動きが森林の中まで広がることを、ふたりは願ってやまない。公正な市場取引が、悪意のあるハンターをビジネスから追い出すことを。

車は道を曲がり、草に覆われた斜面に約３００本のオークやヘーゼルが並び立つ、サマートリュフの栽培地を通り過ぎた。若い木は太くて短く、等間隔で植えられている。遠くから見ると、ブドウ畑と見まがうほどだ。

少しすると舗装道路が土道となり、三菱のＳＵＶはエンジン音を轟かせながらモンテ・ジェンツァーナの自然保護区を上っていく。眼下に渓谷が広がり、向かい側の山頂が私たちを見つめていた。道の下にとりわけ木が密集した部分を過ぎたとき、チウッフィーニが言った。1月だったら、そこら中で「ビアンケット」が見つかるだろうと。白トリュフの一種で、より小さく、値段も安い。「悪いやつら」は香りや見た目が似ているのを利用して、最高級の白トリュフと偽って売るそうだ。

さらに奥へと進むと、チウッフィーニは熊が出るかもしれないと警告した。この一帯の森林を2頭のマルシカヒグマが荒らし回り、時には谷まで下りてきて雌鶏を食べては、人々に自然の摂理を知らしめていた。1頭は昨年撃ち殺されたが、もう1頭はいまだにトラブルを引き起こしているという。車は土埃の舞う曲がりくねった山道を上っていく。前方や後方の道端の斜面に生い茂るオークが、やさしく揺れる緑のトンネルを作り、雲に覆われた空は見えない。

道は少し平らになり、両側の斜面に灰色のガイコツのような葉のないブナの木が立ち並ぶ草原に出た。褐色の落ち葉の絨毯が木の根元を覆い隠している。狩猟者が2人、いまや草むらについたタイヤの跡のような小道の端に立っていた。彼らは続けざまに素早く口笛を吹き、山中に迷い込んだ犬を呼び寄せて車に戻っていった。さらに1分ほど走ってから、グリッリが草の上に車を停めると、私たちはドアを開け、11月のひんやりとした空気の中に降り立った。

グリッリは木製の小さな鍬を差し出した。イタリアの法律で、犬が掘り出せないトリュフを取り出すために唯一認められている道具だ。グリッリは先端の金属部分を指さして、4センチを超える刃と、犬がトリュフを検知した以外の場所を掘ることは法律で禁じられていると説明した。彼がケージを開けると、小さくて活発な2匹のラゴット犬が、子犬のような勢いで飛び出してきた。といっても1匹は5カ月、もう1匹は5歳だったが。「やあ、こんにちは」。犬たちが息を荒くして興奮する様子に笑いながら、私はグーフィーの声を真似て言った。チウッフィーニはステッキのように上部が丸まった木の杖を持って、斜面を上り始めた。続いて、大きなポケットのついた防水パンツと鮮やかなオレンジのハンティングベスト姿のグリッリ、そして私が後に続く。若いほうの白いラゴット犬アルゴがやってきて、グリッリの左脚のにおいを嗅いだ。年上の黒っぽいラゴットは、フェガティッリのブラッコと同じくマッキアという名前で、グリッリの右側に駆けてきて、つぶらな瞳で見上げた。かと思うと、何も指示されないうちから後ろ足でくるりと回り、草むらを猛スピードで駆けていった。アルゴも後に続き、2匹はみるみる離れていく。海抜およそ1200メートルの地では、緩やかな坂でも、上るにつれて少しずつ息が苦しくなってきた。

町を出て土の道を走り、てっきり目的地だと思った森を過ぎて、狩猟者を見送り、いま、さらにまた山道を上ってから、ようやくこの森林の孤立地帯で、グリッリは犬たちに狩りの儀式を始めるよう命じた。2匹はややスピードを落とすと、そのにおいにも景色にも初めて接するかのように、露に濡れた落ち葉や苔の生えた幹に鼻を近づけた。犬が雑木林の奥へ行ってしまうと、足の下でかさかさ鳴る葉の他には、グリッリの断続的な口笛の音が聞こえるばかりだった。鋭い音が静寂の中に吸い込まれる。私はフェガティッリの話していた神聖な静けさを感じた。

歩きながらグリッリが説明する。犬がいなくても、トリュフの埋まっている場所を見つける方法はある。トリュフから発生する物質によって地面の色が変わり、そこには草が生えなくなる。その小さな焼け跡のような領域を見つければいい。ただし、その法則が当てはまるのはオークかヘーゼルだけで、いまグリッリと犬たちが当たっているブナでは、そうした明らかな印は現われない。

1匹の息が荒くなる。私たちはうっすらと雪の粉に覆われた落ち葉を踏み分けて進んだ。ザッザッザッザッ。すぐに崩れてしまう葉の上にリズミカルに響く足音が心を落ち着ける。

犬たちが最初に林床に鼻をつけてからおよそ5分後、合図が出た。ハアハアと息をしながら、前足で狂ったように葉や地面をかき分け、後ろ足で土を蹴り飛ばしている。まるで電動穴掘り機のような勢いだ。「待て！」。グリッリが叫び、地中に埋まった宝をもう少しやさしく扱うようになだめる。そして赤い手袋をはめた手を穴に突っ込み、小さな黒いトリュフを取り出した。鉤状トリュフの一種だった。グリッリがポケットからご褒美を出すと、犬たちはうれしそうに舌なめずりをした。小さなハムのかけらだ。早くもらいたくて、ちぎれんばかりにしっぽを振りながら、おすわりをしたり、跳び上がってグリッリの手袋や上着に鼻を押しつけたりしている。

チウッフィーニが先に進もうと促した。グリッリは犬たちの後について、さらに森の奥へと分け入り、いままで歩いてきた踏み分け道から少し離れた山の斜面に近づく。数分後、またひとつ掘り出した。「ブラボー！」。グリッリは声を上げ、犬たちは跳ね回った。だが、大物ではなかった。冬トリュフは香りはよいが、それだけだ。２匹は再び苔の生えた幹の間を探し始めた。

熟練のトリュフ犬は飼い主からあまり離れず、地中のトリュフを掘り出し、くわえて持ってくる。グリッリの犬は、いずれも特に秀でているわけではないので、彼は２匹を追いかけ、止まるよう命じ、地面を掘る際にはうまく誘導し、犬の掘った穴に手を入れて自分でトリュフを取り出すか、犬の口から取りあげなければならない。それでも、少なくとも飼い主を導いて、地面を掘る方法は知っているのだから、侮ってはいけない。嗅覚を刺激する森林のさまざまなもの、とりわけ野生動物を無視し、地中の芳香にのみ集中するよう訓練するのは簡単ではない。

一度ならずグリッリは、２匹が合図をしたり急に動き出したりする前に慌てて駆け寄った。犬の動きのパターンを熟知しているので、私の気づかないような些細な動作でも、彼にとっては発見が目前だということを示す明らかな印なのだ。

犬たちは再び落ち葉のたまったところで足を止め、穴を掘り始めた。グリッリは声をかけた。「ドヴェ・スタ？（どこだ？）」。やがてアルゴの頭が葉の下の地面にすっぽり埋まり、それでも必死に土をかき出している。グリッリはひざまずくと、２匹に覆いかぶさるようにして、アルゴが掘っていた場所にそっと手を入れた。それから、汚れた赤い手袋をはめた手をアルゴの胴体の反対側に当ててやさしく引き寄せると、両手で抱え上げ、最もトリュフが埋まっている可能性の高い場所に下した。そしてアルゴをできるだけトリュフに近づけてから、今度は、まだトリュフ狩りにはやや不安が残るマッキアを、土を掘っている場所から離して抱き寄せた。このように、グリッリは直接穴の上に身を乗り出し、掘る場所を教えてやる方法を採っている。その様子は、砂浜で穴を掘る子どもを見守る父親のようだ。だが、きちんと訓練された犬は、それほど監督する必要はない。チウッフィーニによれば、鉤状トリュフは地下深くで育つことはない。したがって、気づかないほど小さいか、その場所にはないかのどちらかだ。だが、すぐに土っぽいにおいの鉤状トリュフがグリッリの手に触れ、彼はそれを鼻に近づけた。むせ返るような森の木の香りの中でも、その芳香は強烈だった。まだ小さいトリュフがきちんと育つように、グリッリは穴に土をかけて元に戻した。

チウッフィーニは、シャベルで森を荒らし、穴だらけにしたまま放置するハンターに腹を立てている。そうした破壊行為のせいで、本来ならトリュフができる場所からも何も採れなくなってしまう。夏になると、毎年ラツィオ州から人々がサマートリュフを求めてこの森にやってくる。比較的最近の話では、６人の男性グループがシャベルで穴を掘っているところを捕まった。彼らは２人ずつの組に分かれ、どのあたりにトリュフがたくさんあるか、無線で連絡を取り合っていた。犬を連れずに探せば、価値の低い基準以下のものしか見つからない可能性が高い。成熟したトリュフを見つけられるのは犬だけだ。それに、シャベルは何もかも根こそぎ掘り出してしまう。犬ではなく熊手を使う中国のトリュフの評価が低いのは、それが理由だ。

かつて、イタリアではトリュフ狩りに豚も使われていた。雌豚は犬よりも本能的にトリュフの香りに惹きつけられる。交尾期に雄豚が分泌するフェロモンのにおいによく似ているからだ。だが、ほどなく残虐な行為が横行した。豚は掘り出したトリュフを放さずに、自分で食べようとするため、ハンターは鉤で豚の口を引き裂いたり、時には顔を突き刺すこともあった。他にもトリュフの香りに反応する家畜がいる。チウッフィーニは、ある羊飼いの話を聞いたことがある。1本のオークの木から羊がなかなか動こうとしないので、そこを掘ってみると、たくさんのサマートリュフを発見したそうだ。

ちらちらと雪が降り始めた。チウッフィーニによると、雪が降り積もった状態は、トリュフを嗅ぎ当てる犬の能力を向上させるのにうってつけだという。林床から放たれる他のにおいが中和されるからだ。だから道が通れるかぎり、吹雪の後は決まってここまで来る。すると、トリュフを掘っている間に、必ず斜面を滑り落ちてしまう犬がいて、どうにか這い上がっても、また滑り落ちるの繰り返しらしい。ヨーロッパノイバラの茂みを通り過ぎた。その下ではサマートリュフがよく生育し、運がよければ2キロほど採集できるとのことだった。遠くのほうでは、相変わらずグリッリが口笛を吹き、駆け寄っては、犬の上に屈み込んでいた。小さな鉤状トリュフと冬トリュフをいくつか発見したが、売り物になるほど大きな獲物には出合えなかった。

チウッフィーニが森の奥にいるグリッリに向かって叫んだ。「バスタ・スイ・タルトゥーフィ!(もうトリュフはおしまいだ!)」。そろそろ戻る時間だった。

グリッリの運転で山道を下る間、チウッフィーニは盗まれた犬たちとの思い出を振り返った。自宅から離れたケージに入れておいたことを後悔していた。言ってみれば二人三脚の関係で、彼はいまでもそう感じている。「犬がトリュフを嗅ぎつけると、掘り始めるずいぶん前にわかるんだ」。チウッフィーニは誇らしげに言った。こうして発見の喜びを分かち合う関係が、トリュフ狩りの醍醐味なのだ。

麓に着くと、グリッリはチウッフィーニの土地の裏側に車を停めて私たちを降ろした。私はチウッフィーニの後について草むらを歩き、鬱蒼とした茂みを抜けて、彼の息子の家の裏手にあるヘーゼルの林に入った。その背後には、ルネサンスの絵画から剥ぎ取ってきたかのような壮大な景色が広がっている。枯れ草に覆われたなだらかな斜面、巨大な白い雲が浮かんだ真っ青な空。太陽がごつごつした石灰岩を照らし、比較的平らな部分には栗色の太い筋が何本も見える。その下には、ところどころ深緑の混じったグレーのマーブル模様が描かれ、岩が谷床の草木に溶け込むにつれて、さらに色濃くなっている。彼方の雪に覆われた山頂は、低く垂れ込めた雲にかき消されていた。光と美しさに包まれたこの環境では、闇の世界を知らない人々を騙すのは、驚くほど簡単なことかもしれない。

左手には、こげ茶色と赤みがかった茶色のブドウ畑が広がっている。林の向こう側の空き地は家の裏側まで続いていた。フランスの農家のご多分に漏れず、チウッフィーニは太くて背の低いヘーゼルを1本当たり12ユーロで購入し、ブドウのそばに等間隔で列植した。不規則に伸びた葉は、小さな王冠や房飾り、ドレスのようにも見え、踊り手があえて異なる様式の服装を選んだ舞踏室に迷い込んだ気分だった。チウッフィーニは木の列に沿って歩き始め、1本の根元を満足げに指さした。その周囲は草が生えておらず、焼け跡のようになっていた。そこでは死は幸運を意味する。その木は樹齢4年だったが、チウッフィーニは翌年まで黒トリュフはできないと思っていた。その一帯で栽培を手がけていた他のハンターは、フランスのボクリューズ県と同じく、夜の間に盗難の被害に遭っていた。さらに数歩進んだチウッフィーニは穴を見つけ、難しい顔で調べていたが、動物が掘ったものだと判断した。遠くでカラスが鳴いていた。

林を抜けて畑に入る前に、一瞬、チウッフィーニは木立で足を止め、自らの小さな王国を見回した。草原を歩きながら、彼の声はやさしい裏声になっていた。自然の賛歌を歌っていたのだ。遠くから私たちに気づいた4匹の犬がやかましく吠え始めた。そして、ようやくチウッフィーニの姿が見えると、柵の上に鼻や前足を突き出しながらも相変わらず吠え続ける。地面に置いた金属の水入れがぶつかる音、さまざまな声音に、時折混じるうなり声は、さながら初めてグランドピアノに向かった子どもが作り出す音の風景だ。4匹のうちの1匹は、他の犬が盗まれた日にチウッフィーニが離れたケージまで連れていった犬だった。

彼はゲートを開け、友人に頼まれて訓練している4カ月の白い子犬を外に出した。それほど遠くない場所に、黒トリュフ1つと、白トリュフのかけらを入れた黄色いプラスチック容器を2つ、草むらのそれぞれ別の穴に埋めてあった。子犬は3つの穴に順番に駆け寄り、素早くにおいを嗅いで、中のものを掘り出した。訓練の計画はシンプルだった。朝に5分、夕方に5分。それだけだ。

チウッフィーニにとっては、こうした何気ない喜びが負の側面を補って余りある。訓練、朝靄、ハンター仲間とバールに集まって酒を飲むこと、そして、犬が土を掘り始めたときの期待。いつの日か、フェガティッリも彼と同じように苦しみを乗り越え、自らの信念に自信を持てるに違いない。暗闇でも冷静に行動し、外部の力に妨げられても探し続けることを学ぶ。それもトリュフ狩りの素晴らしさではないだろうか。夜間の盗難から守るために、依然として警備が必要である。最近では、地元のカフェでトリュフ犬コンテストの開催を名目にスポンサー料を騙し取る詐欺事件も頻発している。多くのハンターがスパイを恐れているため、現実にコンテストを開催するのは不可能だ。私たちが昼食を取った店にはトリュフのメニューもなかった。警察署の目の前のオーク林に侵入し、シャベルで地面を掘る者もいる。

それでも、チウッフィーニはトリュフ採集の地域社会の向上に力を注ぎ続けている。言葉を使わずに犬を理解することで、観察力が養われ、他者に対して共感できるようになったと彼は語る。実際、多くのハンターが変わった。残念ながら全員ではない。だが、アブルッツォのトリュフの守護神は希望を捨ててはいない。

第6章 毒

妨害工作者は素早く行動する。大抵の場合、土の道や森の脇の牧草地に停められた見慣れない車で。タイヤを切り裂く。ドアやボンネットを叩き壊す。窓を割る。時にはガソリンの給油口を開け、ぼろきれを詰め込んで火をつける。そして、ガソリンが漏れないうちに逃げる。ドアが大きな音を立てて開く前に、ボンネットがフロントガラスにめり込む前に、タイヤが破裂する前に。ハンターが煙臭さを感じ、プラスチックや内装が燃えるにおいに気づく頃、犬を呼び戻して木々の合間から炎が見える頃には、とっくに姿を消している。

妨害工作者は地元の住民だ。森も、そこに埋まっているトリュフも自分のものだ、と主張する。そのことを教えてやるのだと。ここは祖父に初めてトリュフ狩りを教わった場所だ。ここは霧深い朝、肩掛け鞄を下げた父親が消えた場所だ。よそ者の、他の町のみならず他の州から来たやつらのものではない。彼らは命がけでこの森の道を覚えたわけではない。彼らは何も知らない。妨害工作者は、手つかずの静かな森の思い出を守るために行動する。毎年稼ぐ金を守るために。あるいは、単に自身の能力を証明するために。

一方で、嫉妬もエネルギーとなる。家族の知り合いや、かつての級友、あるいは山で見かけただけのハンターは、収穫がゼロなのに、なぜあんなに楽しそうなのか？

トリュフハンターは切り裂かれたタイヤを修理することができる。割れた窓やへこんだボンネットも直せる。放火された車さえ交換できる。脅迫によって考え直すかもしれないが、森が豊かなかぎり戻ってくるだろう。車よりも狩りが大事だから。何といってもトリュフハンターは勇敢なのだ。彼らは希望を抱いて真っ暗な自然に足を踏み入れる。うなり声をあげるオオカミや、追いつめられたクマに出くわす恐れがあるのを承知で、遠くに響く不気味な音にもひるまず進んでいく。

相変わらずハンターが次々と車で乗りつけ、自分たちの領土に踏み入るのを見て、何をやっても無駄だと悟った妨害工作者は腹を立てる。持ち物を壊すだけでは手ぬるいと気づく。

２００９年ごろのある秋の日のことだった。額が広く、背の低いガブリエーレ・カポラーレは、日が暮れる前に愛犬のコッカースパニエルを車に乗せ、ペラーノの丘陵地帯を後にした。古びた教会のある町の中心広場を後にした。そこには居心地のよいバールがあり、トイレを掃除する人物がエスプレッソも淹れている。自身の経営する小さなトリュフ店も後にした。隅の窓際に置いた大きな机で、毎日、発酵した土の香りを嗅ぎながら仕事をし、自分と同じ40人のトリュフハンターからトリュフを買っている場所だ。

山麓の丘の向こうに太陽が沈むなか、カポラーレは曲がりくねった2車線の道を南へ進んだ。指の形をしたボンバ湖を過ぎ、細いサングロ川を渡って、アブルッツォ州の南に隣接するモリーゼ州に入る。採りきれないほどの白トリュフが育っている場所に。そして、秘密の森へと続く土の道を揺れながら進み、サン・ピエトロ・アベッラーナの近くで車を停めた。

カポラーレは50代だが、迷彩柄のジャケットに防水靴で斜面を上る姿は、ずっと若く見えた。口元と唇の下に黒いひげを生やし、生徒に好かれようとして苦労しながらも好かれている高校教師のような雰囲気だ。低い声でゆっくりと区切るようにしゃべる山岳地方のきつい方言は、都会のイタリア人には理解できないが、いま彼の少し前を駆けていく犬にはきちんと通じている。カポラーレは前に向かって叫んだ。「ドヴェ・スタ？（どこだ？）」。問いかけというよりは命令に聞こえる。

こうして夕方に遠出をするようになって、かれこれ10年以上になる。友人が自慢げに吹聴して回っていた700グラムの巨大な白トリュフを見つけたい一心だった。だが、アブルッツォの地元の森を離れ、いわば敵の領地に侵入していることもわかっていた。山中で誰かと争いになったことはなかったが、車に戻ってみると、タイヤが切り裂かれていたことが少なくとも1度はあった。

「相手を好きだから、タイヤを切るだけなんだ」。まるでプリンターで使用するインクの種類について話すかのように、カポラーレは平然と言った。アブルッツォとモリーゼの州境付近の町や村の住民による脅しや妨害は、ほとんど芸術の域に達していた。カポラーレの友人のひとりは、狩りから戻ってみると車が消えていた。停めた場所を勘違いしているのかと思い、戸惑いながら暗い道をうろうろしているうちに、ふと崖の下をのぞいてみようと思い立った。果たして谷底には、彼の車がタイヤを上にひっくり返っていた。

カポラーレはこうした縄張り行動を嫌い、一部の村のハンターがいつの間にか市当局も抱き込んでいたことに憤慨した。未舗装の道の通行を住民のみに制限した村もある。この問題を話し合うために、カポラーレはアブルッツォのハンターグループを結成しようとしていた。そして、公共の土地におけるトリュフの自由採集について、イタリア国家法の精神に反する地域条例に抗議するつもりだった。

前方では、喉が渇いたコッカースパニエルが丸太の溝に溜まった水に舌をつけていた。オークの森では、とりわけ乾燥している時期には、何かしら飲むものを見つける。しばらくすると、犬は狩りへの関心をすっかり失ったようだった。呼吸が遅くなったかと思いきや、再び荒くなる。カポラーレはすぐに何かがおかしいことに気づいた。彼は犬を抱き上げ、急いで山を下りて車へ向かった。

犬の呼吸が止まったのは、車を発進させてから間もなくのことだった。獣医は断言した。ストリキニーネによる毒殺。通常はホリネズミなどの小動物を農地に近づけないために使う、無色の毒だ。森林では何の目的も果たさない。ライバルのトリュフ犬を殺すこと以外には。おそらく妨害工作者が、白トリュフの多く採れる地帯で水たまりに垂らして回ったに違いない。他のハンターが犬を失い、その一帯での活動をやめれば、思う存分トリュフを採ることができる。

それからしばらくして、カポラーレは義理の弟が友人とともにその近辺にトリュフ狩りに出かけたときの話を聞いた。ある朝、ふたりは森まで行った。友人は2匹の犬を車に乗せたが、現地に着くと、狩りには1匹だけを連れていくことにした。ふたりは別行動を取り、狩りを終えてから車のところで合流した。互いに乏しい成果を慰め合ってから、友人は連れていった犬をもう1匹と一緒に後部の荷室に乗せた。そして、気を取り直してその場に座り、行きがけに買ったサンドイッチを食べることにした。食べている間、犬たちは興奮して声をあげながら、遊んだりじゃれ合ったりしていた。

ところが食べ終える頃には、不自然に静まり返っていた。友人が荷室のドアを開けると、犬は2匹とも動いていなかった。森に連れていった犬がストリキニーネの入った何かを食べたのだ、と気づいて彼は愕然とした。だが、口が触れたせいでもう1匹も命を落としたことには気づかなかった。

実を言うと、犬が殺されたときにカポラーレはすでに毒物を警戒し、犬には金属製の重い口輪をつけていた。というのも、当時そうやって毒を盛る事件が頻発していたからだ。だが、犯人は口輪のデザインの盲点を突いて水に毒を混ぜた。口輪をつけていると、大きい餌は口に入れられないが、舌を素早く出して毒を舐めることはできる。犬に口輪をつけていないハンターは、たえず用心深く地面に目を向けることが欠かせなくなった。だが、餌を地中に埋め、犬が懸命に掘っている間に、もうすぐ白トリュフを見つけると思わせてハンターの注意をそらす手口もあった。

サン・ピエトロ・アベッラーナからほど近いアテレータでは、ガラスの破片が埋め込まれたミートボールが警戒されていた。カポラーレの犬が死んでから数年の間に、20匹の犬が何らかの危険物を口にしたのだ（地元の言い伝えによれば、その昔、一帯の監獄が囚人を釈放したが、囚人たちはよその土地へ行かず、そこに家を建てて住みつき、その罪人の血がいまも受け継がれているという）。カポラーレは、いまでも決して犬をその森に近づけようとはしない。２０１６年には、さらに19匹が毒のせいで体調を崩し、飼い主たちは犬を抱えて山を駆け下りるはめになった。そのうち少なくとも９匹が命を落とした。

だが、この問題はアテレータや、モリーゼとアブルッツォの州境の森に限ったものではなかった。カポラーレは、他の地域でも、犬の腎臓に害を与える不凍液が水に混ざられていたと耳にしたことがある。犬を盗まれたフェガティッリは、毒入りパスタの話を教えてくれた。マルケ州のハンターからは、鶏肉を使った罠が森に仕掛けられていたり、自宅の庭に毒入りソーセージが落ちていたりしたことを聞いた。最近ではサラミが多用されている。表面の皮が毒物をしっかり〝ガード〟してくれるからだという。

北イタリアのアルバから遠くないアスティの狭い地下室は、夕方には小便、濡れた毛皮、よどんだ空気のにおいで満ちていた。頭に黒い大きなぶち模様のある白いポインターが、ケージの中から悲しそうな目でこちらを見上げていた。その晩か翌朝早くには、飼い主のトリュフハンターの元に戻れるだろう。その犬を連れてきた男性は、白トリュフの産地として世界的に有名なピエモンテ州の山中で、犬が毒物を口にしたのではないかと疑っていた。獣医のレーモ・ダモッソは彼の疑念を裏づけた。

心のどこかで、私はこれまでに聞いた毒の話はすべて事実ではないだろうと思っていた。恐ろしい森に入るトリュフハンターの勇気を語り継ぐための言い伝えではないか。あるいは、自分のお気に入りの場所に他人を寄せつけないための脅しだろう、と。実際には犬を飼っていなくても「猛犬注意」のプレートを貼るようなものだ。だが、この犬の目を見て、ダモッソの話を聞いた私は、それが現実の問題だと悟った。

カポラーレの話は決して奇抜ではなく、例外でもなかった。イタリアの森林でのトリュフ採集に伴うリスクとして、ひそかに論じられていた。２０１３年1月から２０１８年3月までの間に、イタリア各州の新聞では、トリュフ犬が毒物を口にした事件が少なくとも126件報じられている。これはおそらく氷山の一角に過ぎず、実際には報道されていない事件も多いはずだ。多くのハンターは、この世界の厳しい沈黙の掟を破ろうとしないか、破りたくても破れない。警察の徹底的な捜索で森への立ち入りが禁じられること、それに、さらなる報復を恐れているのだ。ダモッソのようなトリュフ採集地の獣医は、この隠された残虐行為の実態に誰よりも詳しい。

ポインター犬は口と肛門から出血していた。緑のスクラブに血の染みをつけた獣医は、低いほうのケージに赤ら顔を近づけると、低いしゃがれ声を1オクターブ上げ、まるでベビーベッドに寝ている愛らしい赤ん坊をあやすように、やさしい音を発した。そして、病気で入院している白い犬の頭に両手を置いてから、毒物を口にした犬のケージを指でやさしく叩いた。

ダモッソの案内で、がたがたするエレベーターに乗り、狭苦しい地下から広いオフィスのある2階に戻った。そこにはパイプのコレクション、グレートデーンとチワワの写った写真、夜にバイクの前でポーズを取る猫を描いた安っぽい絵が飾られている。煙草を吸いながら、しきりに両手を動かして早口でまくし立てるダモッソの姿は、さながらアニメーションを見ているようだった。開いた窓から煙が外に流れ出ていく。窓はにぎやかな大通りに面し、激しく行き交う車の音や売り子の声が飛び込んできた。

ダモッソにとって、地下にいる犬は珍しいケースではなかった。35年間の獣医生活で、毒にやられたトリュフ犬は定期的に診察してきた。手段や毒の種類が変わることはあっても、動機、そして結果はいつも同じだった。

最初はスポンジだった。犯人は、スポンジが簡単に飲み込めるサイズに縮むまで煮る。それを食べると、スポンジは胃の中で膨らんで、犬は空腹感を覚えなくなり、やがて餓えに苦しんで死に至る。1970年代後半には、獣医学の画像診断システムはまだ開発されていなかったため、この原因を突き止めるのは困難だった。だが、当時はそれほど問題ではなかった。というのも、ダモッソの元に連れてこられる前に多くの犬が命を落としていたからだ。ほとんどのハンターは、手遅れになるまで犬の状態に気づかなかった。現在では、ちょっとした心配事や些細な行動の変化でも病院に連れてくる。

ほどなくスポンジは、割れた電球の破片を詰めたミートボールに取って代わられた。飼い主が早めに気づけば、ダモッソは犬にワセリンオイルを飲ませ、腸からガラスを流し出した。

次に登場したのがストリキニーネだった。犬の口に触れた時点で、タスクはほぼ完了する。種類や量によって、数秒もしくは数分のうちに呼吸が困難になる。だが、すぐに獣医のところへ連れていけば、通常は抗痙攣薬で助かり、後遺症もなく数日で回復する。犬にとっては、死ぬか正常に戻るかの二択で、それ以外の道はない。

最近は、ストリキニーネよりも入手しやすい殺鼠剤が使われている。餌を巣に持ち帰るネズミの習性を利用して、仲間も駆除するために、殺鼠剤は遅効性のものが多い。これを口にすると、犬の皮膚の色は青白くなり、白い目ヤニが出て、尿に血が混じる。こうした初期症状の段階なら救うことができる。殺鼠剤を口にした犬は、ガラスの破片を飲み込んだ場合と同じ、消化管出血の状態になる。ダモッソの診療所に到着する前に血が肺に入り込んでしまえば、確実に死ぬ。

犬が運び込まれてくると、最も重要なのは治療の優先順位を決定することだ。痙攣、窒息、出血のどの症状を取り除くか、もしくは緩和するか。一命を取りとめれば、あとは健康な状態に戻すための薬の投与方法を考えるだけだ。

だがこの10年間で、毒を盛られたトリュフ犬の治療に解毒剤を用いるケースは減少している。通常の毒物ではなく、「非毒物」が使われ始めたからだ。塗料生産などに用いられる工業化学物質である。一般に毒物はすぐに作用を発揮し、特定の臓器もしくは臓器系を傷つけるが、化学物質は比較的時間がかかり、損傷も広範囲に及ぶ。あらゆる組織に達して機能を低下させ、やがて体調不良を引き起こすのだ。これは犯人にとっては都合がよい。症状が現れるのが遅れるほど、飼い主が異変に気づいたときには手遅れとなる確率が高まる。さらに、化学物質による中毒は診断も治療も難しい。似たような症状を伴う病気はいくらでもあるからだ。

ダモッソは犯人に憤りを禁じえない。「これは一種のテロだ。自分の犬が毒殺されれば、二度と森へは行かないだろう。テロリストというのは、それが狙いではないのか?」と語気を荒らげて語った。

２００８年、犬の毒殺件数があまりにも増加したため、豚、鹿、オオカミの狩りで餌を置く際の制限を厳しくする新たな法律が制定された。具体的には餌の原料、詳細な仕掛け、罠の設置可能な時期などを明確に規定している。これにより、犬の毒殺犯人に対する法的擁護は弱まった。同時に、被害者に対する全面的な救済措置も確立された。検察官は報告された犯罪に対して公開捜査を行うことが認められ、被害を受けたトリュフハンターは、市または県から補償金を受け取ることができる。

法の規定によると、犯人逮捕のための捜査を開始するには、ハンターは最初に獣医のもとを訪れ、被害犬の正式な診断書を受け取る必要がある。刑法において犯罪と認定するためには、その症状を引き起こした化学物質をリストアップしなければならない。こうした観点から、ハンターは警察機関や市町村長と連携することが求められる。「だが、実際にはそうしたケースは稀だ。というのも、トリュフハンターは基本的に仲間内で対処したがる。話を広めない。警察が介入して嗅ぎ回り、詳しく調べるのを嫌う」とダモッソは語る。毒物に関する事件で正式な捜査手続きを進めるハンターは、全体の10％にも満たないだろうと獣医は見積もる。言うまでもなく、大半の捜査報告書に容疑者の名は記されていない。

ダモッソには忘れられない事件がある。あるトリュフハンターが、犯人として特定の人物を告発した。容疑者の自宅が捜索され、警察は敷地内で毒物を発見した。だが、犯人は70代半ばの老人だった。検察官が進んで見せしめに罰するような人物でもなければ、評価を上げるために捜査する事件でもなかった。

毎年トリュフシーズンには、平均して週に3～4匹の犬がダモッソの診療所に運び込まれる。アスティ一帯の獣医も、ほぼ同じような状況だそうだ。アスティで開業している獣医師の数はおよそ15。すなわち、控えめに言っても何百匹もの犬が毎年、市内の診療所に連れてこられることになる。ダモッソは、その中に犯人の犬も含まれていると考えている。悪人に対しても医療を提供することが必要なのだ。

トリュフの採集量が少ない年ほど、事件は増える。私がイタリアを訪れたシーズンは、白トリュフが不作だった。つまり、それだけ毒を仕掛ける動機が増えたということだ。

ダモッソの考えでは、この問題は、適切な法律や熟練の捜査官をもってしても取り締まることが難しい。貧しい暮らしから抜け出したいと願う労働者階級のイタリア人にとって、大金は死活問題だ。「だから、結果がどうなろうと構わない」とダモッソは言う。診療所を訪れたハンターに対して、彼は森に入る際に塩と過酸化水素を持ち歩くことを勧めている。万が一、犬が毒を口にした場合に嘔吐を促す作用があるからだ。

ダモッソがこの診療所で目にした犬たちの血、苦しみ、死を考えて、私は彼がトリュフ採集のコミュニティには思い切った法的および文化的な改革が必要だと訴えるものと思っていた。ところが、毒に関する問題以外は、不透明な金銭の流れや秘密主義を含めたシステムは維持したいという。「そのほうが、とりわけこの地方のトリュフの類を見ない存在価値が守られる」

イタリアの森林および自然地域において法を執行する森林警備隊は、トリュフ犬が毒を盛られた件については、被害者から何も聞いていなかった。その代わり、彼らは熊を捜していた。森にクロクマの死体があると何度も通報を受けていたのだ。おそらく、家畜を守ろうとした地元農民の仕業に違いない。熊に仕掛けた毒を捜している最中に、彼らは妙に小さな餌も見つけた。白トリュフのシーズンが始まる9月に入ると、その小さな餌の数は増えた。話を聞いたトリュフハンターは口を閉ざしていたが、隊員たちは事情を理解した。

森林警備隊は、毎年シーズンの開始時に、スペインで訓練された毒物探知犬5匹のチームを、アブルッツォ、ラツィオ、ウンブリア、マルケ、ピエモンテの各州の名高いトリュフ産地に派遣することを決定した。においを感知した犬は、それをたどって罠や餌を発見し、そばに座って、人間が来て取り除くのを待つ。けれども犬の訓練士は、無限に増える致死物質のリストを更新するのに苦労している。ある種類の毒を取り除くのに成功しても、敵は新たな化学物質や、それを忍ばせるための新たな餌、ゴルゴンゾーラやマスカルポーネなどを見つけるからだ。

隊員は発見した餌を証拠として袋に入れ、研究所で分析してもらう。主要成分が判明すると、訓練士はそのシーズンの傾向に基づいて訓練計画を変更する。毒物探知チームは、ガラスの破片の入ったミートボール、スポンジ、カタツムリ駆除剤などをにおいで発見する。それらはいずれもイタリア国内のスーパーマーケットで簡単に手に入るものだ。

アブルッツォ州のグランサッソ国立公園でトリュフ犯罪を監視しているカルロ・コンソーレの職場は、丘の上にある2階建ての煉瓦の建物だ。窓からは、渓谷の反対側にそびえる緑の山を見わたすことができる。そこへ行くには、両側に木が鬱蒼と茂った長い私道を上らなければならない。力強く育つ草木は、森林警備隊が保護すべき自然がすぐ身近にあることを訴えかけているようだ。

そこからいちばん近い町は、アブルッツォ州の州都ラクイラ。２００９年の大地震から6年以上が過ぎているものの、通りに人影はなく、どこかで動いている建設機械の音が聞こえるばかりだった。ドアというドアは閉まり、建物は寂れ、石の外壁はあちこちに亀裂が入っていた。ほぼすべての建築物が、建設用の足場、ゲート、シートで飾り立てられている。中央広場では、18世紀に建てられたサンタ・マリア・デル・スッフラージョ教会のバロック様式のファサードが、かつての姿が描かれたキャンバスに覆われていた。すでに経済的に大きな打撃を受け、復興への道のりも先行きが見えないなか、地元に富をもたらす唯一の機会を守ることは、間違いなく必要かつ理にかなっているように思えた。

ラクイラの荒廃は深刻だったが、それはトリュフの採集地周辺の町や村に影を落とす不景気も同じだった。パトロールでトリュフ採集に関する規則を適用しながら、コンソーレは自暴自棄になっていた。規則違反の多くはつまらないものだった。禁止されている時刻に森に入る（11月の午前6時から午後6時までは入ることが許可されているが、月ごとに時間は変更される）、規定数以上の犬を連れ込む（1名につき1匹）、正式なシーズン開始前にトリュフを採集する、制限量を超えて採集する（白トリュフは500グラム以下、黒冬トリュフは1キロ以下、サマートリュフは2キロ以下）。制限量を1キロ、あるいは1キロ半も超えるサマートリュフを抱えたハンターは、たびたび捕まる。これほど大量になると発見するのも容易だ。

針金のように細く、白いものが交じった口ひげにスキンヘッドのコンソーレは、白い壁のオフィスに置かれた大きな木製デスクに座っていると堅苦しく見えた。ブレザー、ボタンダウンのシャツ、ネクタイ、スラックスといういでたちは、グランサッソ国立公園の森で着用している動きやすい作業服とはまったく雰囲気が異なる。森を歩いているときはリラックスしている様子だったが、いまは青いファイルの山とごちゃごちゃの本棚に囲まれたお役所的なオフィスに閉じ込められて窮屈そうだ。背後の壁には、自身の監視する地域の地図。忍び笑いをもらしたかと思うと、頬杖をついて悲しげな目つきを見せ、ユーモアと真面目さを兼ね備えている。そして何よりも仕事を愛している。ネクタイを取って部屋を出て、ブーツを履き、山に登って、可能なかぎり自然の真髄に触れることができるからだ。「われわれは森に生息する鹿を数えるために給料をもらっています。オオカミの声を聞くために」。これまでに私が会ったトリュフハンターたちに比べると、声はわずかに高く、静かで上品な口調だった。

コンソーレはトリュフ関連の些細な犯罪の防止には貢献してきたものの、犬の毒殺犯はいまだに捕らえることができなかった。だが、殺虫剤や殺菌剤を使った犯人は、じきに突き止められると考えていた。そうした薬剤の購入許可を持つ人物のリストは簡単に入手できる。フランス・グリニャンのアンドレ・フォジェと同様に、コンソーレのチームもトリュフハンターが足繁く通う森の一角に監視カメラを設置した。そしてつい最近、容疑者とおぼしき人物の姿を捉えた。はっきりと餌を置くところは確認できないが、コンソーレの目にはその動きは怪しく映った。しばらくの間、そのハンターを注意深く監視するつもりだ。

犯人の逮捕が難しい理由のひとつは、証拠を固めるまでに時間がかかることだ。毒入りの餌を発見したら、研究所の分析結果が送られてくるのを待たなければならない。監視カメラの映像や目撃者などの情況証拠がそろっていれば、森林警備隊は容疑者の自宅の捜索令状を取る。訴訟を有利に進めるには、容疑者の自宅敷地内で発見した化学物質と餌の成分が一致することを証明する必要もある。イタリアでは、自然保護区域に毒物を置くことは重罪で厳罰の対象となるが、立証責任は重い。

運が悪いことに、トリュフハンター特有の秘密主義が事件の捜査の足かせとなっている。その日の朝、トリュフ採集の資格試験を監督していたコンソーレは、受験者のひとりから数日前に彼のラゴット・ロマニョーロが毒入りの餌を食べたことを聞いた。被害届を出したのかと尋ねたところ、その男性は首を振った。「獣医のところに行っただけです」

アクイラ県では、そうした事件の被害届は地元の警察署か国家憲兵隊に直接通報することになっている。本来であれば、警察機関がその被害届を町村長に回し、町村長は現場となった森林の区域を立ち入り禁止とする。その後、連絡を受けた森林警備隊が探知犬チームを招集し、森から毒物を排除するとともに証拠集めに取りかかる。しかし現状では、そもそも犬の飼い主が被害届を提出しようとしないために、森が封鎖されることはない。

さながら麻薬密売組織のような閉鎖的なコミュニティでの情報収集に苦労しながらも、コンソーレは犯人の逮捕を諦めてはいない。秘密兵器は２００５年から作成し続けてきたデータファイルだ。エクセルのシートには、被害届が出ている10年分以上の事件で使用された毒物の種類および発見場所が詳細に記録されている。そのデータを分析した結果、傾向やパターンが明らかになってきた。コンソーレが説明する。「経済的な動機は、捜査する側にとっては有利に働きます。金に困って犯行に及んだ者は、必ず繰り返します。個人的な恨みなら一度だけですから」。同様のデータ分析によって、森を脅かした放火犯を捕らえたこともある。「毒を盛るのも火を放つのも、同じ犯罪です」

だが、起訴するのに十分な証拠がある場合でも、長期の懲役刑が下される可能性は低い。法律では厳罰が規定されているものの、イタリアの検察官や裁判官の間では、残念ながら環境犯罪は優先順位が低いからだ。したがって、この種の犯罪は後を絶たない。犯人はハンターたちが沈黙を破らないことを知っているのだ。警察は取るに足らないと見なされる事件を熱心に捜査しないことも。そして、採集者も仲介業者も匿名で取引を行うため、決して買い手に正体がばれないことも知っている。

第Ⅳ部

市場・偽装

面白い男を山のように見てきた。
リボルバーで強盗するやつもいれば、
万年筆でうまく騙すやつもいる。

――ウディ・ガスリー

第7章
仲介業者

ひとたび発見されると、トリュフは、窃盗犯や妨害工作者であふれた林や森から運び出され、検査ののちに仲介業者に売られる。その際、正式な請求書が発行されることは少ないため、取引全体の規模や数、品質を明示するのは、海面の漂流物から真っ暗な海底の様子を説明するようなものだ。一説によると、ヨーロッパのトリュフ市場の取引金額は3億ユーロにものぼると言われているが、消費者の皿に届くまでにどれだけの現金がやり取りされているのか、多くの場合は不透明で知ることができない。自分自身で直接売りさばく栽培農家やハンターはほとんどいないからだ。

その巨大市場の末端で活躍するのが仲介業者だ。トリュフ生産地の町や村に住んでいるか、あるいは車で乗りつけ、ハンターや生産者をひとりずつ訪ねて回り、できるかぎり多くの商品を集めてから、地元の販売業者や会社に持ち込んで売り込む。

彼らが所有しているのはベッドルーム程度の店や低温貯蔵庫だが、レストランやシェフに直接売る量だけで、驚いたことに年間何十万ユーロも稼ぐ。また、地元のトリュフ市場や近隣の町村で働く仲介代行業者のネットワークも持つ。そうした代行業者は、顔見知りのハンターや生産者と好んで取引を行い、他の地元住民からトリュフを買う際には、この業者が仲介役を果たす。

組織的な視点で見ると、仲介業者はより大きなトリュフ会社と合意または契約を交わし、ハンターが直接シェフに売ろうとする前に、最高のトリュフを残らず入手するよう求められる。あるいは、仲介業者は会社の従業員か、場合によっては重役で、ハンターや地元の仲介業者と会い、会社が購入するトリュフを選ぶこともある。多くの会社は（なかには資本金が何千万ドルもの大手企業もある）、シーズン中に十分な量のトリュフを確保しなければならない。フレッシュトリュフが手に入らない時期にも、缶詰などの加工製品によって利益を上げるためだ。

仲介業者の仕事は、金を稼ぐ以外に、原産物を買いつけ、傷がないかどうかを検査し、取引相手に卸すものと、フレッシュトリュフの市場では売り物にならないものを分別することだ。目利きの仲介業者は、最初から不良品を除外して、よいものだけを買いつける。理論上は、仲介業者がトリュフをめぐる詐欺行為の最初の防波堤となるのだ。

フランスでは、仲介業者は「ネゴシアン」と呼ばれる。ピエール・アンドレ・バライエル（縄梯子で倉庫に侵入した窃盗犯に、鍵のかかった冷蔵庫から150キロのトリュフを盗まれたネゴシアン）は、毎週200もの栽培農家からトリュフを買いつける。実家は、ブドウの木を伐採せざるをえなかった時代から4世代にもわたってトリュフの売買を手がけてきた。彼が1987年にリシュランシュの市場で買いつけを始めた当時は、他に5名のネゴシアンしかおらず、全体の仕入れ量は1メートルトン（1000キログラムに相当）に及んだ。現在は少なくとも20名の競争相手がいるが、市場に並ぶトリュフの数は半分ほどだ。

リシュランシュのトリュフ市場は、シーズン中の毎週土曜の朝に開かれる。会場となる通り沿いにはプランテインの木が植えられ、買い手の大型バンや乗用車がトランクのドアを開けて待ち構えていた。いつもの秋の朝の光景だった。大勢の売り手が大量に売るべく通りの真ん中を歩きながら、業者の車の間を行ったり来たりしている。軍隊のようなライフルを肩にかけた3人の憲兵隊が通り過ぎても、誰ひとり気に留めなかった。市場をひそかに動き回り、トリュフや現金（30万ユーロ分に相当）を狙っている窃盗グループから業者や生産者を守るために監視しているのだ。

生産者がバライエルのゴルフ・ハッチバックにやってくると、彼はトリュフのサイズ（20グラム以上が望ましい）、形（節くれだっているものではなく、欠けのない丸いもの）、内部の状態（虫食いの穴や傷は価格が下がる）、熟しているかどうか（ダークチョコレートの色と特徴的な香りが目安）をチェックする。やり取りは瞬く間に行われる。ビニール袋を開き、価格を提示し、相手が希望買い取り額を小声で伝え、おそらく素早い交渉が行われ、取引成立もしくは不成立。

黒いロングコートにニット帽の同業者が近づいてきて、キロ当たり500ユーロで6キロの取引を持ちかけた。バライエルはいくつか手に取ってにおいを嗅いでから、相手に突っ返した。男はビニール袋をグレーのバックパックに押し込むと、憤然として立ち去った。バライエルが300ユーロを払わなかったことに腹を立てたのだ。バライエルは説明した。「先週も同じ男から買ったが、今回は満足できなかった。何でもいいというわけではない。私が求めているのは熟したものだ」。しばらくして、コートの男は通りの先でめでたく買い手を見つけた。

次にやってきた生産者は、瓶に入れたトリュフを持っていた。バライエルは中身を取り出すと、ナイフで少し切り込みを入れ、注意深く調べた。そしてトリュフをすべてビニール袋に入れると、車の前の座席から財布を取り出し、450グラムのトリュフに130ユーロを支払ってから空の瓶を返した。「あまり美しいトリュフではない。丸くないからね。だが、熟成度は素晴らしい」

バライエルの条件を満たし、売り手が同意すれば、金が支払われて、商品はバライエルの車のトランクに入れられ、売り手は去っていく。市場が閉まると、バライエルは戦利品を選別し、質の悪いものは取り除いてから、プランタンなどのフランスの大手トリュフ会社との取引に向かう。

同じ日、ローラン・ランボー（エルネスト・パルドを銃殺した男）と取引のあるプランタンの窃盗団に倉庫の壁を突き破られ、何十万ユーロも損害を被った会社だ。

重役、クリストフ・ポロンは、リシュランジュの市場を歩いてネゴシアンに愛想を振りまきつつ、その日の価格についての情報を集めていた。私はその前日の午後に、会社の倉庫で彼に会っていた。田園地帯の真ん中にある平屋の社屋は、あまりにも目立たないせいで、私道の入口を見つけるまでに何度も通り過ぎるはめになった。

翌朝、ごった返した市場でばったり出くわすと、彼は「見せたいものがある」と私を誘った。これから、定期的に取引をしている生産者に会いにいくという。ポロンは公設市場でトランクを開けているバンから離れ、私も後に続いた。「ここでは買わないことにしている。どれだけの量を買うのかを誰にも知られたくないんだ。何と言っても……この世界は秘密主義が鍵を握っているからね。つまり、口は堅ければ堅いほどいいというわけだ。だが、いまから会う相手は心配いらない。トリュフも素晴らしい。あなたにもわかってもらえるだろう。本当に、本当に素晴らしいんだ。ついてくればわかる」。笑いながらそう言うと、ポロンはフォルクスワーゲンに乗り込んだ。

町を出た車は、憲兵隊のアンドレ・フォジェの情報提供者が窃盗犯の少年を見つけた環状交差点を通り、しばらく田舎道を進んでから、ワイン協同組合の砂利の駐車場に入った。目の前には、秋の終わりの赤茶けたブドウの木と枯れ草に覆われたブドウ畑が広がっている。私は自分の幸運を喜んだ。フランスに来て2日目にして、市場外取引の場に同席できるのだ。

ポロンはライバルの業者や企業に身分を明かそうとしなかった。一方の生産者は、市場に紛れ込んで売上の多い者を狙って自宅まで尾行するという噂の窃盗犯を避けたかった。どうやら、秘密主義の世界にもさらなる秘密があるようだ。あるいは、それが取引市場の仕組みなのかもしれない。

ポロンと私が一番乗りだった。ポロンが集合場所を指して言った。「ここでやるときもあるが、いつもは別の場所だ。少しずつ変えるんだ。肝心なのは、誰にも……世間にあれこれ想像してもらうほうが都合がいい。想像を膨らませてもらおうじゃないか」。この４年間、ポロンと一部の生産者は、この秘密協定のもとで強固な関係を築いてきたという。「誰かがワインを持ってきて、ソーセージもある。ローヌ地方の名物だ。とても打ち解けた雰囲気だよ」

私は、生産者たちがワイン協同組合と関わりがあるかどうか尋ねてみた。ここが生産指定区域のようなものかと思ったのだ。「ただの集合場所だ」とポロンはきっぱりと言った。私は思ったままのことを口にする。「怪しいですね」

「かなり。麻薬取引のようだろう？　実は、あの木の向こうで……」とおかしそうに笑ったが、車が近づいてくるのに気づいて、ポロンの言葉が途切れた。「来たようだ」。まるで映画のようなタイミングだった。

ベージュのルノー・セニックが駐車場に停まり、年配の男が４人降り立った。続いてアウディが入ってきて私たちの乗ってきた車の後ろに停まり、若いカップル（長身の男性と黒髪の華奢な女性）がグループに加わる。服装はジーンズに冬用ジャケットだ。車の後ろに挨拶の輪ができ、社交辞令が交わされる。かと思うと、ひとりが車からフランスの白ワインを取り出し、プラスチックのカップに注ぎ始めた。まるで内輪の集まりのようだ。生産者たちは、ポロンとの秘密の売買に選ばれたことを喜んでいる様子だった。ほどなくポロンの義理の弟が、頬のぽっちゃりした10歳の娘を抱きかかえてやってきた。

ポロンはひとりずつに宛名の書かれた封筒を渡した。前の週に購入したトリュフの代金だった。「クリスマスプレゼントだ」。田舎の駐車場で、彼はおよそ2万ユーロを現金で支払った。

続いて、生産者が個別にポロンのフォルクスワーゲンの後部に近づき、トリュフがいっぱい詰まった袋を差し出した。そのたびにポロンは手を突っ込み、上のほうから1、2個選んでよく調べた。どれもバライエルが村で扱っていたものよりもはるかに大きく、形も申し分なかった。市場価格より多めに払うことにより、ポロンは市場外で最高のダイヤモンドを手に入れていた。信用のおける売り手でも、一部を切り取り、内部が黒いことを確かめる。完全に熟している印だ。そして、小さなメモ帳に各生産者の名前、量、価格を記した。

手際よく検査を終えると、ポロンは再び会話に加わった。生産者たちは、年下のポロンに向かってしきりに結婚を勧めた。40代になったのだから、そろそろ年貢の納め時だと。私は生産者のひとりから、フランスのトリュフよりも名高いアルバの白トリュフをどう思うか聞かれた。その生産者は、もちろん冬トリュフのほうが好きで、アルバのトリュフは不当に高いと不満をもらした。

別の生産者が、今日の価格は妥当だと言った。だがポロンは同意せず、一部のトリュフはもっと価値があると主張する。彼は生産者に向かって言った。「本当に素晴らしいトリュフだ。だから毎週、腸が煮えくり返る思いだよ」。大量買い付けの悩ましい問題は、倉庫で検査を終えたあとはどうなるかがわからない、ということだ。少なくとも生産者を目の前にしたポロンは、予想外のことは起こらないと請け合った。欠けたものを楊枝でつなぎ合わせてひとつのトリュフに見せかけることや、寄生虫の感染、熟していないものに人工香料を塗布するといったことは。

前日に、私は倉庫でトリュフを選別する作業を見学した。ひととおり終わると、泥のついたものは、隣の部屋でうなりを立てている「ブラッシャー」という汚れを落とす機械に入れられた。良質のトリュフはフレッシュの状態でシェフや他の顧客に売られる。「もちろん、できるかぎりフレッシュで売ろうと努力している。それがトリュフの香りを味わう最良の方法だからね。それ以外の傷や虫食いがあったり、やわらかすぎたりするものは加工用に回す」とポロンは語った。

高級レストランに卸されるような形のよい熟した黒冬トリュフは、実際にはほとんど見つからない。とりわけ12月の初めは、いくら投資しても見返りは乏しいのが現状だ。「１００キロ購入しても、フレッシュで売れるのは20～25キロ程度で、残りはあまり品質がよくない」。そうしたものは少量の水を加えて円筒形の蒸し器に入れられる。フレッシュトリュフのビジネスが活発になるのは、黒冬トリュフが完全に熟して芳香を放つようになる1月以降だ。

倉庫の冷蔵室で、ポロンはコンクリートの床に置かれた白い長方形の容器に手を突っ込み、茶色く濁った水の中から大きな冬トリュフをいくつか取り出した。いずれもその日の朝、カルペントラスの市場や場外の非公式の取引所で購入したものだ。ひとつは欠けているため、薄くスライスして缶詰に加工される。もうひとつは虫が内部に入り込んだ跡が残っていた。ポロンは説明する。「このままでは売ることはできない。きれいにして、中に虫がいないことを確認してからでないと」。内部が白すぎるのも問題だ。ポロンはさらに別のトリュフを手に取った。「これは立派で色も黒い」。だが、すべてにごつごつしたこぶがあり、きれいな丸い形のトリュフを求めるミシュランの星つきシェフに売るのは難しい。倉庫に置かれた台の上には、さらに検査を待つトリュフが並べられていた。「われわれの仕事は、すべてのトリュフを丁寧に調べて選別することだ。わが社はその選別方法に定評がある。非の打ち所のないトリュフが消費者に届くように、細心の注意を払っているんだ」

集合場所にいた若いカップルがアウディへ戻っていく。「彼らはトリュフ成金だ」。ポロンはそう言って自分の言葉に大笑いした。アウディが走り去ると、年配の男たちもルノーに乗り込んだ。ポロンはリシュランシュの酒場へ行って街の噂に耳を傾け、顔見知りと旧交を温めるつもりだという。その中には、1990年代後半にプランタンがアメリカのマンハッタンに進出した際に知り合ったミシュランの星つきシェフも含まれていた。「なかなか興味深いよ。酒場というのは、いわば嘘つきの集会所だからね。誰もが戯言ばかり並べ立てている」。おそらく自分のトリュフがどんなに完璧かとか、どれくらい買ったのかとか、どれだけ売ったのかといったことだろう。

だがポロンは、生産者に多く支払いすぎたことを少しばかり後悔しているようだった。彼は、父親の腕の中でちっともじっとしていない姪に顔を向けた。「あの子に価格交渉を担当してもらおうと思っていたんだが、どうも無理なようだ。何しろ私ときたら、『なんてかわいい子なんだ。プレゼントを買ってやらないと』といった調子で、あの子はまったく役に立ってくれないよ」

イタリアでは、仲介業者は「トレーダー」と呼ばれる。最大手のウルバーニ社は、ジム・トラッペに生涯最高のトリュフディナーを提供した人物が創立した会社だ。一方、業界第2位のサバティーノ・タルトゥーフィ社は、天然の白トリュフと黒冬トリュフで有名なイタリア中部のウンブリア州の、小さなモンテカストリッリ村の郊外にある。社屋は現代的な石造りの建物で、やさしい陽光の降り注ぐなだらかな緑の丘の麓にひっそりと佇んでいる。朝には渓谷にうっすらと霧がかかり、空気には松をはじめ、生き生きとした木の香りが漂っていた。

ＣＥＯのフェデリーコ・バレストラは、コネチカット州ウエストヘブンにあるこぢんまりとした同社のアメリカ支社で働いている。周囲には空き地や廃倉庫、自動車修理工場が多い。初めてウンブリアからアメリカに渡ったのは１９９０年代後半、片言の英語もしゃべれなかったにもかかわらず、ニューヨークの57番街のアパートメントで、サバティーノのアメリカでの事業を立ち上げた。そして、たちまち自社の製品で地元シェフの心を掴み、ほどなく大手の卸売業者との契約にこぎつけた。すると他の都市の業者も次第に注目するようになり、それ以降、ロサンゼルス、ラスベガス、サンフランシスコ、モントリオールに事務所を開設して、いまでは高級レストランやスーパーマーケットの多くがサバティーノの製品を扱っている。

こげ茶色のカールした短い髪、つややかな頬、無精ひげ、明るいブルーの瞳。バレストラは無邪気で人懐っこく、少年のように生き生きとしている。かつてマンハッタンで訪問販売を競い合ったポロンと同じく、いまにも笑い出しそうな顔つきだ。話すときには、目や眉を巧みに使う。それらを動かしたり唇を結んだりする動作は、口から発せられる言葉よりもしばしば多くを物語る。普段は早口で低くつぶやくように話すが、大事な言葉はわずかに声を高くして強調し、決まって「そうだろう?」と念を押す。仕事では合理性を重視し、常に論理的に考えるが、その際に相手を笑わせることも忘れない。聞いているほうは、はぐらかされたような気分になることもあるが。ウエストヘブンで会ったときには、自社のトリュフローションを手に塗ってみせた。

近頃は、ウエストヘブンの倉庫で過ごすのは勤務時間の4分の1ほどで、残りは輸入業者や高級食品販売業者と打ち合わせをしたり、見本市に参加したり、契約を結んだりと、たえず動き回っている。私たちが会った2日前はイタリアに帰国していた。2日後には東京出張、すぐにグリニッチに帰って子どもたちに会い、次の出張までの数日間は倉庫で管理業務に勤しむ予定だ。来月には再びイタリア、その後、中国へ行き、すぐにイタリアへとんぼ返りする。仕事にかける意気込みと、家族の遺産に対する情熱を何よりも大事にしているバレストラは、業界に渦巻く犯罪については比較的冷静だった。

ローラン・ランボーの手でトリュフ泥棒が殺された事件を知ったのは、ブルーノという名のシェフのインタビュー記事だった。ブルーノの店はフランス南東部のロルグにあり、毎年４トンものトリュフを提供すると派手に宣伝していた（だが、それでは４カ月で80万皿を出している計算となり、どう考えても不可能だ）。

バレストラは信じられないといった口調だった。「まったくどうかしている。この業界は長いが、トリュフのために殺された人は私の周りにはいない。たしかに犬は毒殺されているが……。彼のインタビュー記事を読んで、でたらめもいい加減にしろと思ったよ。てっきり話を脚色しているのかと。この仕事では脚色も必要だからね。そのほうが消費者の関心を惹くことができる。それでも、限度がある」。バレストラは両手を振り回しながら話し、ブルーノの大げさな描写などばかばかしいと言わんばかりにぐるりと目を回し、かぶりを振ってみせた。そんなことは頭から追い出そうとしているかのように。

「厳しい仕事ではないとは言わない。誤解しないでくれ。実際、厳しい。トリュフを買いつけるのは、金を買うようなものだ。あるいはダイヤモンドを。でも、トリュフよりも金のほうが人命が危険にさらされる。トリュフでは、ブルーノが言っているひとりだけだ。彼は大げさに話しているんだ。一度だけなら、それは普通とは言えない。そうだろう？　私はそう思う。犬という犬が殺されるなんて嘘だ。もちろん、そういうこともある。私の知り合いにいるかって？　いるよ。

だが、毎日そんなことが起こるだと？　ありえない」

バレストラの旧知のトリュフハンターは、何匹かの犬を毒殺された。彼に同情するかと私は尋ねた。「犬はかわいそうだと思うよ。でも、ハンターはそうしたことも覚悟している。タクシー運転手が車を失うようなものだ。トリュフは生きるための手段なんだ。食べるための。あなたならどうする？　トリュフを採るには犬が必要だ。だからトリュフハンターは複数の犬を飼っている。いなくなっても困らないように。１匹しかいなかったらお手上げだから」

残酷なことを平然と口にするのを聞いて、私は２０１３年に初めてバレストラに連絡したときのことを思い出した。何らかの大きな犯罪組織が業界内部から糸を引いていることはありえないのかと質問すると、彼は義理の父親の話をしてくれた。それはたとえ話で、どんなビジネスにも犯罪の入り込む余地がある、類を見ない出来事がトリュフ業界全体を物語るわけではないということを説明するためのものだった。そうした競争や陰謀は、マスメディアが騒ぎ立てるほど頻繁にあるわけではない、と。

20年か30年前、バレストラの義理の父親はニュージャージーの自動車販売店で働いていた。ある日、錯乱した男が車でやってきて、店のオーナーである上司を撃った。その男は数週間前に購入した車が気に入らなかったのだ。バレストラは言う。「もちろん、そんなことがあってはならない。でも、車のディーラーがすべて悪徳業者だというわけではない」。この事件の背後にマフィアとの関わりはなかった。実際、オーナーはユダヤ人だった。つまり、犯人は本当に頭がおかしかったということだ。

２０１４年のあるとき、オプラ・ウィンフリーがレッドカーペットでのインタビューで、死ぬ前にやりたいことのひとつがトリュフ狩りだと答えるのを聞いた瞬間、バレストラはマーケティングのチャンスを見いだした。彼はオプラをイタリアでのトリュフ狩りツアーに招待した。その何年も前から、サバティーノ社は彼女のお抱えシェフにトリュフを提供していたのだ。その年の秋、オプラと雑誌編集者のゲイル・キングは同社の施設に３日間滞在した。サバティーノは、ふたりが帰国するまで、そのことを極秘にしていた。

１日目、オプラたちは会社の所有地で黒トリュフ狩りを楽しみ、次の日は、とある森へ白トリュフを探しに出かけた。同行したバレストラは、オプラと意気投合した。彼女が人の名前を覚えていること、名声と富を手に入れたにもかかわらず謙虚で気どらないところに好感を持った。白トリュフを探しながら、オプラは「首尾よく見つければ金持ちになれる」と言った。「もう金持ちなのに？」とバレストラが言い返すと、オプラは彼のユーモアのセンスを気に入った。帰国前、オプラはゲストブックに「大満足」と記した。彼女が旅行の写真をインスタグラムに投稿すると、サバティーノにはマスコミからの問い合わせが殺到した。バレストラとオプラはいまでも友人同士で、折に触れてメールのやり取りをしている。

２０１８年、サバティーノとオプラ、クラフト・ハインツ社の共同ブランド「オー・ザッツ・

グッド！」が、サマートリュフを使った万能調味料「トリュフゼスト」のプロモーション契約を発表した。だが、これはオプラのこれまでのプロモーション活動を正式なものにしたにすぎない。彼女は2016年と2017年に「トリュフゼスト」をお気に入りリストに載せ（他のサバティーノ商品もたびたび登場している）、2017年の料理本には「トリュフゼスト」を使うレシピを8つも掲載している。テレビのトーク番組で料理を披露したときにも、この調味料を卵に加えていた。

バレストラの顧客には、ビリー・ジョエル、セリーヌ・ディオン、ジミー・キンメル、オバマ大統領のホワイトハウスなど、錚々たる顔ぶれが並んでいる。大抵の場合、レストランで働いていたシェフが独立し、有名人のお抱えシェフとなってからもサバティーノの製品を使い続ける、というパターンだ。皆バレストラを信頼し、サバティーノの質の高い調達を信頼しているが、バレストラ家のトリュフビジネスへの道のりは決して平坦ではなかった。

1880年代初め、モンテカストリッリ郊外の山間の農地には2種類の人間が暮らしていた。地主と労働者だ。地主が所有する土地を、労働者が耕した。彼らは奴隷ではなかったものの、かろうじて家族が食べていけるだけの収穫物しか与えられなかった。

だが、地主はある問題に頭を悩ませるようになった。3人のよそ者、すなわち教会の修復を専門とする放浪職人が故郷のトスカーナからやってきたのだ。バレストラと名乗る3兄弟は、毎年、村から村へと渡り歩き、崩れかかった礼拝所のペンキ塗りや修理に精を出していた。モンテカストリッリに来た彼らは、その村がすっかり気に入って、しばらくそこで暮らすことにした。

長年あちこちを旅するうちに、兄弟は世間に対する見識を深め、決して主人にたてつこうとしない労働者たちを目の当たりにした。ほどなく農場の過酷な労働環境に気づいた彼らは、地主に対して意見を言い、農民に対しても同じことをするよう促した。「地主たちは彼らを快く思っていなかった」。曽祖父のサバティーノとその兄弟たちについて、バレストラはそう語った。地主は新たな厄介者に腹を立て、兄弟が早く仕事を終えて、どこかよそで理想を追求してほしいと願っていた。


ある晩、地元の商人がモンテカストリッリの中心部を馬車で通っていたとき、突然、ナイフを振り回した男が飛び出してきた。男は金目のものを出せと脅したが、商人は拒んだ。揉み合いになった拍子に男は商人の喉を切り裂き、警察が駆けつける前に逃走した。警察は血まみれの現場から足跡をたどったが、容疑者すら見つけることはできなかった。

地主たちは、その災難をチャンスと捉えた。反抗的なバレストラ兄弟を逮捕するよう警察に命じたのだ。「当時は、裁判官も警察も誰も彼もが地主の言いなりだった。『あいつらを追いやる格好の口実になる』と喜んだに違いない」。だが、サバティーノにはアリバイがあった。その晩、妻が息子（フェデリーコの祖父）を出産したのだ。それでも警察は兄弟を逮捕した。赤ん坊を取り上げた医師は驚きを隠せなかった。「私は出産に立ち会っていたんです。彼も一緒でした。だからありえない」と医師は警察に証言した。

だが、裁判所は兄弟のひとりに懲役25年、残りのふたりに懲役30年の判決を下した。

バレストラ兄弟はイタリア西岸沖、エルバ島のじめじめした牢獄ですっかり衰弱していた。1908年、兄弟がとっくに刑の減免を諦めた頃に、臨終間際の真犯人が自白した。「あれは俺だった。彼らじゃない」。町長は判決を取り消して、バレストラ兄弟を牢獄から釈放せざるをえなかった。3人とも、ひげが伸び放題でもじゃもじゃになり、体調も崩していた。ひとりは目が見えなかった。

兄弟が町に帰ると、彼らに罪を着せた地主はすでにおらず、不当な行為に罪悪感を抱いていた町長は、詫びの印に商売の許可証と土地を与えることにした。当時、高額な許可証は裕福な市民しか手にすることができないものだった。

1911年、釈放から3年も経たないうちに、サバティーノ・バレストラと兄弟は新たなチャンスを利用して、町の中心部、教会の目の前に小さな店を開いた。修復の技術を生かして人生の再建に乗り出したのだ。店ではパン、オリーブ、オリーブオイルなど、イタリアの食卓に欠かせないものを売った。それがすべての始まりだった、とバレストラは語る。「それまでは、財産らしいものは何ひとつなかった」。バレストラ兄弟の自由を奪った町が、その後4世代にわたって続く成功のきっかけを与えた。1950年代には、サバティーノの小さな店は中規模のスーパーマーケットチェーンにまで成長した。「いつか、この物語を映画にしたいと思っている」と、バレストラは目を輝かせて言った。

だが1980年代になると、広さ3700平方メートルの大型店舗が次々と開店し、小さな家族経営の店を町から追い出した。バレストラ一家は、そうした複合企業にはとても太刀打ちできないと気づいた。そこでフェデリーコの父親は、家族とよく相談した上で、スーパーマーケットの部門を売却して方向転換を図るという難しい決断を下した。

一家は1908年にモンテカストリッリから与えられた土地をまだ所有していたが、結果的に、それが宝の山だと判明した。天然の黒トリュフと白トリュフがたくさん採れたのだ。もっとも、1980年代まではトリュフビジネスには手を出す程度で、採れたものをレストランや会社に卸すことに終始していた。だが、フェデリーコの父親はチャンスと見て取ると、トリュフを本業にすることにした。フェデリーコは言う。「トリュフの扱いには慣れていた。何しろずっと売ってきたんだ。だから（事業の転換は）自然なことだった」

その時点で、東側の山を越えた地では、すでにウルバーニ社がトリュフの巨大企業として100年以上の実績を誇っていた。それでもフェデリーコは、謙虚な気持ちを忘れずに新たな顧客を獲得した。フェデリーコは振り返る。「最初はあまりにも小さくて、他の会社がみんな巨人に見えたよ。だが当時、巨大だと思っていた企業を改めて見ると、いまのわれわれは、彼らの1年分の売上を1週間で達成している」。アメリカで複数の大口契約を取りつけたサバティーノ社は、いまやプランタンを抑え、世界で最も有名なトリュフブランドとなった。

だが、サバティーノのトリュフがオプラやミシュランの星つきシェフの手に渡るまでには、モンテカストリッツリ郊外に佇む地味で目立たない建物の裏口を通らなければならない。その場所で、フェデリーコの妹のジュゼッピーナか、彼女がじきじきに教え込んだ担当者の検査を受ける。髪をブロンドに染めたジュゼッピーナは、兄と同じ表情豊かな青い目をしているが、似ているのはそれだけではない。「兄は私とまったく同じなの。ズボンをはいてるけどね」とジュゼッピーナは笑う。フェデリーコはほぼ毎日、イタリア時間の午後1時に電話をかけてくる。グリニッチの自宅からウエストヘブンへ向かう通勤の途中だ。フェデリーコの妻は、「ジュゼッピーナのほうが私よりも先に何でも知っている」と冗談めかして言うこともある。他の3人のきょうだいも家業に就き、妹のひとりはイタリアの工場で、別の妹と弟はアメリカ支社でそれぞれ働いている。

ジュゼッピーナは甘くやさしい声で話し、兄と同じようによく笑う。とても気さくだが、同時にとても意志が強く、ばかばかしいと思うことには我慢しない。

会社が契約しているハンターからトリュフを買い始めた頃は、男社会で見くびられていた。「彼女と交渉するなんて朝飯前さ」とハンターたちは口をそろえたものだった。だが、年が経つにつれて両者は互いに尊敬の念を抱くようになった。私が訪ねる数日前、会社のエスプレッソマシンの前で、ジュゼッピーナは４人の白髪交じりのハンターと一緒に立っていた。そこに会社の広報部長が通りかかって言った。「マンマ・ミーア！（こいつは驚いた！）」。女性１人に野郎が４人だ。だが身に危険が迫っているのは、あんたたち４人のほうだな」。男たちは皆うなずいたそうだ。

ジュゼッピーナがハンターと会うのは、１階の裏口か２階のオフィスだ。名簿には３００～４００名のハンターの名が記され、そのほとんどはイタリア中部の他の町から来るが、なかには最北部のピエモンテ州からはるばるやってくる者もいる。ピエモンテの白トリュフのほうが高価で有名だが、ウンブリア産のトリュフに勝るものはない、とジュゼッピーナは固く信じている。

ハンターが持ち込む大量のトリュフを、ジュゼッピーナはひとつずつ等級に分け、両者の間で最終価格に合意しなければならない。多くの場合、ハンターは過去に売った同等のトリュフを引き合いに出し、彼女の決定に異議を唱えて交渉に持ち込む。だが、ジュゼッピーナはハンターを家族だと考えている。家族は言い争いをするものだ。

彼女は語る。「大事なのは、いまのハンターとの関係を維持することよ。私たちにはトリュフを持ってきてくれるハンターが必要だけど、彼らのほうも、自分の見つけたものを買ってくれる相手がいるとわかっていれば安心だから」。町で会えば、彼女は一緒にエスプレッソを飲み、ハンターたちは子どもの洗礼式のことなどを話す。市場価格が下落した週でも、買い叩くようなことはしない。早朝に採集に出かけるハンターのために、あくまで公正な金額を支払う。「正直で真面目な人は、そうしたことを覚えているものよ。だから、優秀なトリュフハンターは、これまで受けてきた待遇を忘れないわ」

ジュゼッピーナは自身の仕事や会社の生産を職人の技術と見なし、産業だとは考えていない。「私たちの目的は、量ではなく質にこだわることなの」。ハンターとは全員顔見知りで、ごつごつしたトリュフをひとつずつ丹念に調べ、少しでも気になる点があれば除外する。サマートリュフの買い付けは、それほど細かい注意点はないので他のスタッフに任せることもある。だが、白トリュフと黒冬トリュフに関しては、自分の目で確かめないと気が済まない。

そうは言っても、誤魔化そうとするハンターもいないわけではない。あまり質のよくないトリュフを持ち込んで、今日は運が悪かったと告げる者もいる。それでもジュゼッピーナは形の悪いトリュフを買い取り、オイルやソースなどの加工品に回す。だが、同じハンターが、またしても運が悪かったと言ってやってきたら、さすがに疑いを持たざるをえない。1回分の収穫には、見事なトリュフ、平均的なもの、こぶだらけのものが交ざり合っているのが普通だ。立て続けに悪いものの割合が多ければ、ハンターが上質のトリュフを抜き出して直接レストランに売り、残ったものをサバティーノに持ち込んでいる可能性が高い。ジュゼッピーナは言う。「最初は許すわ。2度目には警告する。3度目にはお引き取り願うわ」

土や泥で傷を隠したり、重さを増やすために穴に砂を詰めたりするハンターもいる。ジュゼッピーナはそうした手口も心得ていて、不自然な量の土が付着していないかどうかをひとつずつチェックする。「土地はヘクタール単位で買うものよ。グラムではなくて」。そう言って、小さな楊枝やナイフで余分な土を削り落とす彼女の姿を、ハンターたちは戦々恐々として見つめている。正直なハンターは、工場にトリュフを持ち込む前に泥を払い落とす。狡猾なハンターは尋問を受けるはめになる。
「これは何？」。ジュゼッピーナに厳しく問いつめられると、ハンターは、あたかも小石がトリュフの中に入り込むのが当たり前だと言わんばかりの口調で答える。「ああ、気づかなかったよ。まさか石が入ってるとは」。ハンターの不正を見抜くのは痛快だ。とりわけ、日頃から親しくしている相手でなければ。ジュゼッピーナはそうしたエピソードを愉快そうに語ったかと思うと、ふいに真顔に戻った。

彼女の徹底的な検査のおかげで、ハンターは大それた不正行為をする気にはなれない。表面に泥のつきすぎたトリュフにさえ騙されないのだから、産地偽装など一発で見破られるとわかっているのだ。ウンブリア産の最高級の黒トリュフと謳われ、１キロ当たり９００ユーロで売られているトリュフでも、実際にはルーマニアやブルガリア、セルビア、アルバニア、クロアチアの業者から５００ユーロで仕入れたものかもしれない。あるいは、キロ２０００ユーロのピエモンテ産白トリュフは、クロアチアやハンガリーやスロベニアから１０００ユーロで送られてきた可能性もある。東欧のトリュフも品種は同じだが、ジュゼッピーナのように、イタリアのテロワールが生み出す独特の香りを尊重する熟練の専門家は違いを見抜き、品質の劣るものには金を支払わない。芳香の決め手となるのは、湿気、降雨、土質、宿木、さらには深さだ。このうちのひとつが少しでも異なれば、ウンブリアのトリュフの香りではなくなってしまう。見分け方は他にもある。その日の朝に地元で採れたトリュフは、表面に湿り気を帯びている。何日間もトラックに保管されていたら、そうはならない。ルーマニアのトリュフを売るハンターは、自力では採集できないほど大量に持ち込んでくることがある。ルーマニアの卸売業者は、通常キロ単位では売らないからだ。ジュゼッピーナは、そうした細かいことまで熟知している。

だが、ジュゼッピーナのような厳格で公正な買い手ばかりではない。毎年、世界中で売られている「アルバ産」のトリュフの数は、アルバ（さらにはイタリア全体）の推定供給量をはるかに上回っている。単純に計算しても、アルバの収穫量では、アルバ産と記されたトリュフおよびトリュフ製品のすべてをカバーすることはできない。イギリスへ行った折に、出張で来ていたルーマニアの大手販売業者に少しだけ話を聞く機会があったが、私がそうしたことを質問すると、大口の顧客であるアルバ・タルトゥーフィという小売店に責任を押しつけ、それ以降は何を尋ねてもだんまりを決め込んだ。アルバ・タルトゥーフィのウェブサイトには、ルーマニア産のトリュフは掲載されていない。だが、この手の不正行為を摘発するのは事実上不可能だ。ひとつひとつのトリュフの出どころをサプライチェーンの起点となる名もないハンターまでたどり、最終段階の販売で産地が偽装されたか、あるいは誤って表示されたことを証明しなければならないのだ。

最もたちが悪いのは品種の偽装だ。これはボロ儲けができるが、法的な観点から考えるとリスクが高い。産地偽装の場合、ハンターも業者もそれなりの利益を得るものの、そもそも高価なトリュフを買うための資金が必要だ。それに対して、安い品種を高い品種に偽るのであれば元手はかからない。中国産の２大品種（Tuber indicum および Tuber himalayensis）の１キロ当たりの価格はせいぜい３０～１００ドルだが、ヨーロッパ産の黒トリュフとほとんど見分けがつかない。一説によると、香りや味は使い古しのテニスボールのようだという。ところが、黒トリュフの袋に紛れ込んだ途端に、えも言われぬ香りを放ち始める。だが、その前に四川省の赤褐色土に気づけば騙されずに済むかもしれない。

モロッコやチュニジア、リビアの砂漠で育つ砂漠トリュフ（Terfezia）も、価格は中国産と同程度だが、見た目は白トリュフやビアンケットとそっくりで、素人目には区別がつかない。砂漠トリュフに対しては、「トリュフ」という言葉を使うことを拒むイタリアのトレーダーも多い。トリュフの偽装の歴史は19世紀にまで遡る。１８７６年、チャールズ・ディケンズは、自身で編集していた『オール・ザ・イヤー・ラウンド』という百科事典のような週刊誌で、砂漠トリュフを「味もへったくれもないまがい物」とこき下ろしている。通常のトリュフ業者や会社にとって、大量の商品の中から品質の劣るものを見つけて取り出すのは時間も手間もかかる作業だ。こうした品種を偽ったトリュフは、金銭的にも食材としてもほとんど価値がないにもかかわらず、比較的安易に流通に紛れ込む。サバティーノ社は顕微鏡で抜き取り検査を実施している数少ない会社であり、疑わしい場合にはDNA分析も行う。

イタリア国内では、砂漠トリュフも中国産トリュフも食用としての販売は法的に認められていない。だが、野放しの広大なサプライチェーンにおいては、本物の中に1つや2つ入り込み、莫大な不法利益をあげ、消費者から対価に見合う楽しみを奪うこともありうる。カルパッチョ、ソース、オイルの製造メーカーは、どんなトリュフを使おうと（あるいは多くの場合、まったく使わないのも）自由で、それに最高級のアルバ産白トリュフやウンブリア産黒トリュフのラベルを貼ることもできる。世界中のテーブルに供される製品の神聖さや純粋さを取り締まる者はいない。そこにいるのは、トリュフの学名や原産地を記した請求書を買い手に送りつける、信用を得た仲介業者のみだ。しかし彼らでさえ、自分に都合のよいように考えることもある。

イタリア国内で大量に出回っているという噂のルーマニア産トリュフに出くわしたことはあるかとジュゼッピーナに尋ねたところ、サバティーノではまったく問題になっていないとの答えが返ってきた。「それが大量生産の会社と、職人技の会社の違いよ」。まったく他人事といった口調だったが、現時点でサバティーノより規模が大きいのはウルバーニだけだ。

サバティーノをはじめ、優秀なバイヤーにとって何より慎重を要するのは、傷のない大きなイタリアの白トリュフを見つけることだ。ジュゼッピーナのハンターも、森に入れば、より質の劣る黒トリュフ（鉤状トリュフ、サマートリュフ、麝香トリュフ）は容易に見つけられるが、白トリュフとなると、発見する確率は低い上に、傷をつけないようにすることはさらに難しい。白トリュフを探す犬は、見つけても掘り出さずに、鼻で位置を示すように訓練しなければならない。そうでないと、ただでさえ脆い白トリュフは、深い場所に埋まっている場合が多いため、犬の口の中で欠けたり割れたりしてしまうだろう。「すべての犬が白トリュフ狩りに適しているわけではないわ。優秀なトリュフ犬は、どちらも探すように訓練されるけど、そうでなければもっぱら黒トリュフを探すわ」とジュゼッピーナは言う。名高い産地でも、完全な形で発見される白トリュフは数少ないため、価格は驚くほど高い。なかには、１キロ当たり７０００ドルで売られていることもある。

一方、割れたものはそれほど価値がない。そういう意味では、トリュフの価格設定は、キャンバスや表面の傷の有無を確認する絵画や宝石の鑑定に似ていなくもない。宝石で言えば、「カット」も重要だ。できるだけ丸く、ごつごつしていないものほどよい。２００グラムの完全な白トリュフのほうが、不完全な５００グラムのものよりもはるかに高い値がつく。ジュゼッピーナは形の悪いものを「脳トリュフ」と呼んでいる。

彼女のような熟練のバイヤーが備えているのは、バランス感覚、機転の利く交渉術、美術品のバイヤー並みの審美眼だけではない。嗅覚もまた、素晴らしいソムリエに匹敵する。外側からは完璧なトリュフに見えても、テーブルで美食家を虜にする香りに欠けるものもある。ジュゼッピーナは目を閉じても、手にしているトリュフに欠陥があるかどうかを判断することができる。喫煙の習慣は肺にはダメージを与えているかもしれないが（私と話している最中にも、ニコチンが恋しくて席を外した）、嗅覚にはまったく影響を及ぼしていないようだ。「においに敏感なの」。彼女のように鼻で確認できるようになるには何年もかかるだろう。

ジュゼッピーナほど白トリュフの香りを詩的に表現する人には出会ったことがない。「白トリュフは、言ってみれば原色だわ。他のどんなものとも違う。『赤はどんな色？』と聞くようなものね」。私が香りについて尋ねると、彼女はそう答えた。黒冬トリュフは、チョコレートを思わせる、森やマッシュルームの香りにたとえられることが多い。けれども白トリュフは違う、とジュゼッピーナは言う。「王の中の王よ」

形のよい白トリュフは、たとえ小さなものでも見つけるのは容易ではない。だから、2014年にサバティーノ社のハンターのひとりが、2キロ近くある完璧なトリュフを掘り出したと、興奮気味で電話をかけてきたのも無理はない。それを探し当てた犬は、まだかなり若かった。その晩、ハンターは見つけたトリュフを自宅に持ち帰り、知人にサバティーノへ運んでもらうまで、冷蔵庫の寝ずの番をした。「NASAじゃあるまいし」。ジュゼッピーナはハンターの敷いた警備体制を面白がって言った。だが彼女も他のスタッフも、それほど大きなトリュフは見たことがなかった。1世紀前にウンブリア州で2キロのトリュフが発見されたという言い伝えはあるが、真偽のほどは疑わしい。倉庫でそのトリュフを見て、誰もが興奮した。重さを量ると、史上最大の白トリュフとして記録された。

ジュゼッピーナはアメリカへ輸送する手配を整えた。兄フェデリーコと相談して、オークションにかけて収益を慈善団体に寄付することにしたのだ。２０１０年には、その半分以下の大きさのトリュフ2個が33万ドルで落札されている。落札者はトリュフの愛好家として名高いマカオのカジノ王、スタンレー・ホー氏だった。ＣＢＳ放送を含め、周囲は１００万ドルの値がつくかもしれないと騒ぎ立てた。ところが、どういうわけか激しい競り合いが始まることはなかった。土曜の朝にマンハッタンのサザビーズで行われたオークションで、台湾のバイヤーが電話で落札し、大方の予想に反して６万１２５０ドル、１キロ当たりわずか3万６２５ドルで、豪華なコース料理に削る喜びを手に入れたのだった。

１階の製造フロアでは、私服の上にサバティーノ社の帽子とエプロン、白衣を身に着けた４人の女性が作業台に向かい、緑と赤と白のイタリア国旗の色の布から新鮮で小さな白トリュフを取っては、丁寧に土を払い落としている。４人とも、大理石の傑作の仕上げにかかる彫刻家さながらの真剣な表情だ。彼女たちがじっとうつむいたまま、トリュフを手に取り、回しながら汚れを落とすうちに、目の前の金属の作業台に置かれたバケツやペーパーマットには細かい土がたまっていく。強いニンニクと山のにおいが台から立ちのぼり、ひんやりとした空気に溶け込んでいた。だが、それだけではない。そこには説明のつかない何かがあった。

ひとりの女性は、自分の手にしているトリュフの一部に付着した土の量を考えると、その下に穴が隠れているのではないかと心配していた。ジュゼッピーナはそのトリュフをじっと見つめ、軽く土を払い落とし、心配する必要はないと判断した。この細心の注意を要する過程を、彼女は絵画の修復になぞらえる。ある意味では、消費者に最高の芸術を経験してもらうべく、トリュフから土の層を剥がしているのだ。女性たちは皆、落ち着いていた。あまり一生懸命になりすぎると、何百ユーロもの価値がふいになってしまう。

私たちの背後では、ウィリーウォンカ風のラップのリズムで動く機械がトリュフクリームを瓶に詰めていた。別の機械はトリュフを低温殺菌している。この処理によって、最低でも4年間は保存することが可能だ。さらに、完成した製品を洗浄するための新しい機械がビニールに包まれていた。監視カメラが私たちの動きを追っている。夜間には、敷地全体の警報装置のスイッチが入れられる。ジュゼッピーナは、私が特定の装置を写真に収めることには消極的だった。企業秘密が漏れることを恐れていたのだ。通常、メーカーはトリュフ専用の機械を作っていないため、ほとんどはサバティーノの特注機械だった。

現在ではすっかり機械化されているものの、最初に行うトリュフの検査は、おそらく100年以上前に彼女の曽祖父サバティーノがハンターたちに課していたものとほとんど変わらないだろう。「虫は昔と変わらないから、石も石のまま」。彼女がそう言ったのは、会社の創業当時の車や、一家のビジネスの起点となった食料品店で使われていたレジを見学しているときだった。

2階に戻り、いまもハンターたちがいるであろう山間部の森に面した長い木製の会議用テーブルにつくと、ジュゼッピーナは口を開いた。「トリュフの世界は独特だわ。何と言っても、公設の市場がないんですもの」。ハンター、トレーダー、小さな会社の多くが見えないところで動いている。ジュゼッピーナは続ける。「人生には、いつでも近道があるわ。でも、父親から息子へと受け継がれる会社は正道を歩まなければならない。そうでないと……いつまで続くかしら？」

白トリュフの産地、北イタリアで最初に会う予定だった仲介業者は、私の相手を弟（チャンピオンのトリュフ犬トレーナー）に任せ、黒いメルセデスで走り去った。国境を越えたニースで開かれる市場で、１・５キロの白トリュフを売ることになったのだ。あとで弟から聞いた話によると、モンテカルロからヘリコプターで昼食を食べに来たロシアの新興実業家の気まぐれに付き合ったとのことだった。彼の顧客には、サッカー指導者として有名なファビオ・カペッロもいる。

アスティの獣医レーモ・ダモッソが話のついでに触れた人物は、おそらくメルセデスの男より（というよりも他のあらゆる仲介業者より）謎めいていた。その白トリュフのトレーダーは、イタリア北部のレストラン市場を支配しているというもっぱらの噂だった。最初、ダモッソはその人物を紹介することを拒んだが、最後には連絡先を教えてくれた。

その仲介業者とは、彼がアスティの中心街の駐車場で経営するバール兼ピッツェリア兼トリュフショップで会うことになった。その晩は肌寒く、深い霧のせいで街灯や建物の明かりが距離感のわからない不気味な球体に見えた。バールは昔風の食堂か総菜屋のようだった。注文を受けるカウンターがある部屋とは別に、プラスチックの羽目板が張られた円天井の下にテーブルが並んでいた。そこにニンニクを思わせる白トリュフの香りが漂っている。私たちがテーブルにつくと、噂の仲介業者サンドリーノ・ロマネッリがすぐさまやってきた。温暖な気候を想定して設計された建物は、隙間風が吹き込んできたが、彼は寒さなど気にしていない様子だった。

ビール腹に、きれいに剃ったひげ、青みがかった茶色い目のサンドリーノは、若い頃のブロンドの名残りでところどころ黄色い白髪交じりの頭に、黒いネックウォーマーを帽子代わりにかぶっていた。年齢は51歳。見た瞬間に危ない橋を渡っている印象を受けた。理由のひとつは、せかせかした態度だ。常にうわの空で、どこにいてもバールや、数ブロック離れたところにある自身のレストラン〈タルトゥーフォ・ドーロ〉（「金のトリュフ」の意）の経営のこと、トリュフの取引のことを考えているようだった。口調は厚かましく、轟くような大声は世の中で自分だけが正しいと言わんばかりだ。

サンドリーノは椅子の背にもたれ、一方の腕を隣の椅子の背に置いてしゃべりながら、もう一方の手をだらしなく動かしていた。そして、話しかけてきた女性を抱き寄せて撫でたのも一度だけではなかった。取材記者の前であろうと、従業員や客がいようと、自分がどんなイメージを与えているかはちっとも気にしない。気にする必要もないのだろう。何しろ、ピエモンテ州全体とは言わないまでも、アスティで最も有力な白トリュフトレーダーのひとりなのだ。その事実は獣医が証言し、地元の新聞記事で裏づけされ、サンドリーノ本人も最初からあからさまに示していた。酒を飲みながら、その自信は傲慢な態度となって表われ、徐々に無慈悲が取って代わった。時に真面目とも思える意見も口にするが、すぐに一般的に受け入れられている取引の真実とは矛盾する発言で中断された。

21歳のとき、サンドリーノはガールフレンドからもらった子犬を森に連れていった。本人曰く、すぐに優秀なハンターとなったそうだ。そして、狩りで貯めた資金でバールを開いた。とりたてて洒落た店ではなかったが、アスティの屋外市場で取引を行う者にとっては便利な場所にあったおかげで客足が伸びた。その収益を元手に、仲介業者としてトリュフビジネスに参入し、見事に成功を収めた結果、レストランの開店にこぎつけた。

サンドリーノがアメリカの人脈を自慢に思っているのは明らかだった。ロバート・デ・ニーロにトリュフを売ったことを得意げに話し、初対面の挨拶もそこそこに、トニー・メイとの長年の関係をほのめかしたほどだ。マンハッタンで象徴的な〈レインボールーム〉や〈サン・ドメニコ〉、最近では〈ＳＤ26〉など、数々の高級レストランを経営するトニーは、サンドリーノが注目のアメリカ輸出市場に参入するきっかけを作った人物だった。サンドリーノは長年の友人として、翌週にマラケシュで開かれる彼の70歳のバースデーパーティにも出席することになっていた。

サンドリーノがどんな種類のトリュフを提供しようと、アメリカ人は気にしない。トリュフがあれば、それでいいのだ。地元のシェフやハンターが価格も味も最高だと評するアルバ産やピエモンテ産の白トリュフでなくても、あるいは野生の黒トリュフで最も有名なウンブリア州ノルチャの冬トリュフでなくても構わない。ただ「トリュフ」というだけで、高級ブランドとしての必要条件を満たし、裕福で、おそらくイメージを重視する顧客を喜ばせることができる。産地や品質はトリュフを取り置くことの二の次になる。イタリアでは、トリュフは味わうものである。それに対してアメリカでは、サンドリーノに言わせれば、テーブルを囲む人を満足させるために手に入れるステータスシンボルなのだ。彼の顧客リストの上位には、トランプホテル・グループも名を連ねている。

世界最大手のトリュフ会社、ウルバーニ・タルトゥーフィは、サンドリーノのようなつてを持っていないという。大企業になるほど生産量や利益を追求する。つまり、オイルやバター、クリームといった関連製品に力を注ぐことになる。その結果、サンドリーノのような個人業者にも、加工していないフレッシュトリュフをアメリカのレストランに供給するチャンスが生まれる。レストラン側としては、トリュフは欲しいが、裏ルートの開拓や企業に追加費用を支払うことは望んでいないからだ。レストランもシェフも、サンドリーノに直接電話すれば、質の保証された白トリュフ3キロを比較的安く、すぐに入手できることを知っている。

サンドリーノには懇意にしているトレーダー（下請けの仲介業者）が3名おり、彼らはそれぞれハンターのネットワークを持っているが、それとは別に、バールやレストランでハンターから直接買うこともある。コストを抑えるために、自分のレストランでは白トリュフは提供していない。もっぱら取引および輸出用に確保している。

購入する「アルバ産白トリュフ」の産地については、サンドリーノは深く考えていなかった。狭義では有名なトリュフの町近郊の丘陵地帯、広義ではピエモンテ州で採れるトリュフと定義されているアルバ産トリュフが、実際には南イタリアから購入された可能性があることも理解しているからだ。そうした認識のせいで、北イタリアのトリュフは他とは比べ物にならないと信じている実直なハンターやトレーダー、シェフとは相容れない。アルバ産のトリュフには、よその土地では決して再現できない真髄があると彼らは疑わない。イタリアの法律もその信念を後押しする。トレーダーはトリュフの産地を偽ってはならないのだ。その点で考えると、サンドリーノはあえて法律に従うことを拒否しているか、あるいは、見る人によっては詐欺師と思えるかもしれない。彼自身は、地域的な区別は無意味だと考え、同じTuber magnatum picoなら、イタリア国内のどこにでも起源をたどれるはずだと主張する。曰く、「イタリアでは、白トリュフはどれもアルバ産トリュフだ」。とはいうものの、ハンターが称賛する洗練された香りと味、そして長年にわたる地域のマーケティングを考えれば、アルバ産トリュフはどうしても価格が高くなり、サンドリーノの意見は疑問に思わざるをえない。彼の言うことは、バージニア州のワインにナパバレーのラベルを貼って売るのと変わらない。それでは、いくら味の違いがわからなくても、消費者には受け入れられないだろう。ピエモンテのテロワールが他の地域よりも格段に素晴らしい白トリュフを生み出していると信じて疑わない地元のハンターにとっては、これ以上ない詐欺行為だ。イタリア当局も同じ意見で、産地偽装は厳しく取り締まっている。

けれどもサンドリーノに言わせれば、そうした偽装表示は無知から生じるものだという。そして、彼は屈折した論理をさらに押し進め、ほとんど妄想の域にまで広げる。クロアチア産の質のよいトリュフは、バンの冷凍庫の奥に長期間入れっぱなしでなければ、アルバ近郊のロエロの丘陵地帯で採れた質の悪いトリュフに勝るだろう、というのだ。白トリュフは、あくまで白トリュフだから。だが、仮にそうだとしたら（イタリアのハンター、捜査機関の関係者、シェフの大部分は反論するだろうが）、アルバ産だと偽らずに、クロアチアの白トリュフとして売らないのはなぜか。クロアチアのトリュフがそれほど素晴らしいのなら、堂々とクロアチア産であることを公表して、熱烈なサポーターとなればいいではないか。そこにサンドリーノの論理の綻びが見える。価格が違うのは理由があってのことだ。妥当かどうかは別にして。

トレーダーはトリュフの産地に頭を悩ますべきではないと訴えるサンドリーノだが、法的なトレーサビリティ（履歴管理）には必ずしも反対ではないという。ただし、それには条件がある。ピエモンテ産トリュフの香りが際立っているとは限らないと、消費者が理解するようになることだ。「俺が望んでいるのは、正確な情報が広まることだ」と言い切るが、もちろん、彼の扱うトリュフの産地は除外しなければならないだろう。サンドリーノが目の敵にする通説は他にもある。トレーダーはハンターを食い物にして私腹を肥やしているわけではない。トリュフハンターから大量の収穫物を買うには、多額の費用がかかる。トレーダーは手持ち資金の大半を商品の購入に注ぎ込んでいるのだ。贅沢な暮らしに散財すれば、ハンターに今後の取引を保証するだけの金額を支払えなくなる。トレーダーは大金持ちにはなれない、とサンドリーノは強調する。とはいうものの、そういった類の通説の出どころは容易に想像がつく。サンドリーノの財布は、彼の前腕より厚みのあるユーロ紙幣の束で、はち切れんばかりに膨らんでいた。

サバティーノやウルバーニなど、主にトリュフ加工食品を製造している企業の幹部であれば、金持ちになれるほどの稼ぎがある、とサンドリーノは言う（フレッシュトリュフの売上に関しては、自分は彼らを凌ぐこともあると豪語する）。だが、サプライチェーンにおいて最大の利益を生み出しているのは、自分のように、そうした企業にトリュフを売るトレーダーであることを彼は認めた。

サンドリーノの買うトリュフの大半は、アスティ県の丘陵や渓谷で掘り出されたもので、一部はイタリア国内の他の地域から購入している。過去にはクロアチアから買っていた。彼は常に品質を重視し、その結果、森の特定の区域で特定のハンターが採集したものに行き着く。アスティのある場所では、申し分のない白トリュフが採れるが、そこから１００メートル離れたところで採れるトリュフは質が劣る。サンドリーノにとって重要なのは産地ではなく、あくまで品質だ。本当に悪質な不正行為というのは、粗悪なトリュフを売ったり重量を誤魔化したりすることだ、とサンドリーノは考えている。その信念が顕著に表われたのは、アスティの市場のトレーダー、ダリオ・パストローネの件について尋ねたときだった。

２００７年、パストローネがキウザーノとアスティ間の狭い山道を走っていたとき、後ろからやってきた車がぴたりと横づけして停止し、その勢いでパストローネの車は道から弾き出された。警察官を名乗る3人の男が降りてきて、ドラッグはどこだと尋ねた。パストローネは困惑しながらも捜索に同意し、ほどなく「警察官」は2000ユーロ相当の白トリュフをトランクから盗み、パストローネを殴って道端に置き去りにした。私は完全にパストローネが被害者だと信じて疑わなかった。ところが彼は、衝撃的な出来事を思い出したくないと言って、事件について語ることを拒んだ。県警の捜査官の話では、あれは単なる窃盗事件で、それ以上語るべきことはないという。そして、こう付け加えた。パストローネはあまり格好のよい男ではなかったが、事件のあとにアスティの市場で見かけたときには「見るに堪えなかった」。

サンドリーノの見方はさらに厳しい。最初はライバル業者については口を閉ざしていたが、やがて、パストローネの評判が悪かったことを認めた。彼は質の悪いトリュフ（熟していない、ゴムのようなもの）を重さを誤魔化して売っていたという。「とんでもないやつだ」とサンドリーノは吐き捨てるように言った。取引における暴力沙汰は稀だが、パストローネの度重なる不正行為が報復を引き起こしたとしてもおかしくない。サンドリーノはこれっぽっちも同情していなかった。自業自得だと思っているのは明らかだった。

話が終わると、サンドリーノは私を夕食に誘い、ふたりで数ブロック離れた彼のレストランへ向かった。

〈タルトゥーフォ・ドーロ〉は、サンドリーノの２軒の店ではまともなほうだという話だったが、ごくありきたりの場所だった。言ってみれば、いかにもサンドリーノのような男が経営していそうな、かろうじてみすぼらしくない程度の店だ。入口の正面にカウンターがあり、額に入ったトニー・メイの新聞記事が壁に飾られている。奥の化粧室には、床に穴の開いたトルコ式トイレ。「トリップアドバイザー」では89件のレビューで３・５の評価を得ていた。

奥の席につき、サンドリーノにピザを注文するよう勧められると、しばらくして２人のトリュフハンターが店に入ってきた。どちらも森の空気をまとい、目を輝かせている。てっきりトリュフの取引はどこか人目につかないところで行うのかと思っていたが、どうやらこの店（の正面のカウンター）が取引場所のようだ。中年のハンターたちがそれぞれ白トリュフの入った袋を差し出すと、サンドリーノはカウンターにいたスタッフに秤を出すよう命じた。ペーパータオルに包まれた1個目のトリュフが顔を出す。丸くて大きなそのトリュフを、サンドリーノは秤の上に置いた。１００グラムにわずかに届かない。彼は重さを記録すると、すぐにポケットから札束を取り出して、ハンターに２６０ユーロを渡した。続いて２人目のハンターから袋を受け取り、慎重な手つきで6、７個の小さなトリュフを順番に秤に載せていく。大きな穴の開いているものがひとつあった。虫が入り込んだ跡だ。合計で１４０グラム。サンドリーノはすべて袋に戻して男に返した。ハンターは一瞬がっかりした表情を見せ、ふたりは入ってきたときと同じように素早く出ていった。

テーブルに戻ったサンドリーノは、大きくて形のよいトリュフに比べると、小さなトリュフは数が多くても価値がないと説明した。彼は赤ワインとビールを交互に飲み、アサリのリゾットを食べていた。「ピザはおいしいだろう？」と尋ねる口調は、無理やりおいしいと言わせる意図が見え隠れしている。夜が深まるにつれ、サンドリーノはますます大声を出し、横柄になった。もともと注目を強要する話し方だったが、アルコールのせいで傍若無人ぶりに拍車がかかった。

食事を終え、ひとしきり飲んだとき、セーターの上に黒っぽいオーバーコートをはおった赤毛でしわだらけのウクライナ人女性が入ってきて、よろめきながら私たちのテーブルに近づいてきた。老女は椅子を横に引き出して腰を下ろした。疲れた表情を浮かべながらも、来たる取引にわずかに身構えているように見える。

彼女のトリュフ狩りとの出合いは一風変わっていた。看護師として、死を間近にした80歳の患者のトリュフ狩りに付き添ったことがきっかけだった。その老人が亡くなると、彼女は犬を引き取り、自ら取引を始めた。いまでは昼間は看護師、夜はトリュフハンターとして生活している。

老女はアルミホイルとペーパータオルに包んだ白トリュフを取り出し、サンドリーノの目の前のテーブルに置いた。小さなものが5つ、少し大きめのが2つ、それに欠けているものが1つある。サンドリーノは再びウエーターに秤を持ってくるよう命じた。その間に手で重さを量り、香りを嗅ぐ。丁寧な、それでいて素早い手つきだ。どう判断すべきか迷っている様子だった。彼は途中からテーブルに加わったバイヤーに渡した。そして、私に手渡された。ニンニクと森の強いにおいがする。再び札束の登場。老女は１５１グラムだと申告した。サンドリーノは１４８グラムだと訂正する。

秤が到着した。１７３グラム。値段の交渉が始まる。サンドリーノは２８０ユーロほどの札を渡そうとしたが、老女はそれを押し返して顔をしかめた。それでは納得がいかないと言わんばかりに首を振る。だが、イタリア語の語彙が限られているため、強く出ることができなかった。一方的な交渉で、サンドリーノの強引な態度は増長するばかりだった。「さあ、ワインでもどうだ。飲むといい。ケーキもある。好きじゃないのか？　遠慮するな」。そう勧めてから、サンドリーノは押しつけがましく言った。金とトリュフを両方持ち帰って、次回来るときに、どちらを返すか決めればいいと。

テーブルの上の金を見つめながら、老女はその申し出について考えた。サンドリーノは彼女にとって唯一の仲介業者で、仕事帰りの夜遅くに会えるのも彼だけだ。サンドリーノに売らなければ、おそらく他に売る相手はいないだろう。しばらくして老女は諦めると、金を手にして、霧深い夜の暗闇に消えた。

第8章

警察官と詐欺師

2012年、イタリア。森林警備隊のロベルタ・ウバルドが、アスティ中心街の外れにある、フェンスに囲まれたベージュ色の詰所に出向いたときには、すでにローマからの指令が届いていた。イタリア全土の農産物品評会において、販売者が採集物の売買に関する金額条件を守っているかどうかを確認するよう命じられたのだ。ピエモンテ州アスティ県では、トリュフの仲介業者が申請した仕入量を販売量に照合して調べることになった。

アスティの森林警備隊のレナート・ディオダ隊長は、照合作業中に山積みとなる会計関係の書類をチェックするようウバルドに指示した。小柄な彼女にはグレーの軍服はぶかぶかで、身体に巻きつけた毛布みたいに見える。ウバルドは早速ファイルに丁寧に目を通し、茶色の縁の眼鏡越しに不審な点がないかどうかを探して、疑問を見つけると、細い眉を吊り上げて仲介業者に電話をかけ、詳細を聞き出しては、地元の公証人役場や商工会議所に保管されている証拠書類を調べるための捜索令状を申請した。大学で森林科学を専攻したウバルドは、森林警備隊に入る前には学術研究者として働いていた。したがって、書類の山に埋もれることはちっとも苦にならず、数字の意味を解読するのは得意だった。静まり返った部屋の中で落ち着いて作業を進めるウバルドに、書類はしきりに何かを訴えかけていた。

捜査の初期段階で、ウバルドの同僚ディエゴ・グリージはアスティで開かれる大きなトリュフ祭りに私服で潜り込み、関心のあるバイヤーのふりをして、何名かのトレーダーに接触した。会場を回っている途中で、売り物の白トリュフにピエモンテ産の札をつけていない男を見つけた。商品につけられた産地の札は、販売業者の仕入明細書と照合してチェックすることができるため、ある程度の説明の役割を果たす。黒い目に丸刈り、無精ひげを生やした筋骨たくましいグリージは、そのトレーダーに対して、トリュフが本当にアスティの丘陵地帯で採れたと証明するものを見せてほしいと頼んだ。だが、男は何も持っていなかった。

トレーダーが尋ねる。「あんた、誰だ？　何が目的なんだ？」。グリージと同僚は森林警備隊の捜査官であることを明かし、トリュフの仕入先であるハンターのために必要な「自己請求書」の提出を求めた。イタリアでは、仲介業者がトリュフを仕入れる際に、ラテン語の学名、対応するイタリア語名、産地、ハンターからの購入量を記録することが義務づけられている。男は急にそわそわし、トリュフを布で包んで慌てて袋に入れた。その場を立ち去ろうとする男に向かって、グリージは再度、書類を要求した。男はグリージの同僚を突き飛ばし、ものすごい勢いで駆けていく。グリージたちはアスティの通りを走って追いかけた。息を切らしながら2キロほど追跡したが、追いつかないうちに、男は車に飛び乗って逃げた。

森林警備隊の詰所では、会計書類を調べていたウバルドたちの努力の甲斐あって、トレーダーが逃げた理由が少しずつ明らかになってきた。基本的な管理規定が守られているかどうかを確かめるはずが、気がつくと、大がかりな不正行為の捜査に発展していたのだ。アスティのトリュフ市場は、組織的な詐欺の舞台となっていた。

目撃者に話を聞き、書類を追跡し、少なくとも100社の取引を調べた。そして数カ月後、ついにウバルドたちは、アスティの市場に出回っているピエモンテ産白トリュフの約75％が、名高い産地からはるかに離れたイタリアの他の地域（中部のウンブリア州や南部のモリーゼ州など）で採集されたものだという事実を突き止めた。だが、それらのトリュフがアスティの仲介業者のもとに届くや否や、ピエモンテ産トリュフに変身するのだ。そして、もちろんそのまま食卓にまで運ばれる。さらに、およそ15％はイタリア国内産のトリュフですらなかった。トレーダーは、クロアチアのイストラ半島で採集しているハンターたちから買っていたのだ。つまり、90％以上のトリュフはアルバの有名な土壌で育ったものではなく、卸売価格は、地元の丘陵地帯で採集するハンターが本来受け取るはずの額よりもはるかに安くなる。その結果、販売業者の得る利ザヤは大幅に増えていた。

さらに捜査の最中に、捜査網にかかった会社が５００万ユーロ相当の製品を売り買いしていた。だが、トリュフはいつの間にか消える。会社のトラックの中に、国際市場に、そして消費者の口の中に。数えきれないほどの詐欺行為を発見したものの、森林警備隊はトレーダーから産地を示す正式な書類を見せられることなく、わずか13キロのトリュフを押収するにとどまった。

アスティのトレーダーの多くは、アルバやピエモンテの名の国際的な価値を知っており、以前からそれを利用して、知名度の低い地域や国の同品種を売っていた。富裕層は、正真正銘のアルバ産白トリュフを買えば、よく言われるのとは逆に、幸せは金で買えるという事実を見せつけることができる。恍惚感や、えも言われぬ体験を幸せと呼ぶのであれば。それが金持ちの特権であり、彼らはそのために金を払う。だが、そうした金持ちも、金で実現できることに対する既成概念を打ち崩すようなことは聞きたくないだろう。近年では、気温の上昇、夏季の降雨量不足、ブドウや他の作物の畑の拡大などによって、ピエモンテにおけるトリュフの採集量が大幅に減少している。より知名度の劣る地域と比べても、ピエモンテの白トリュフはますます稀少な存在となりつつある。しかも、いくら金を積んでも増やすことは不可能だろう。

ところが、供給が減っているにもかかわらず、世界中のレストランでは、白トリュフは決まってピエモンテ産やアルバ産として提供されている。「計算すればわかる」と言い切るのは、ナパでレストラン〈ラ・トーク〉を経営し、1970年代からトリュフに関わってきたアメリカ人シェフ、ケン・フランクだ。「皆が皆、アルバからトリュフを買えるはずがない」

アスティのトリュフハンターは、地元で採れるトリュフがイタリアで、ひいては世界で一番だと信じている。だが、それと同時に、ドバイからニューヨークまで、あらゆるレストランに一度に1～3キロも売る地元のトレーダーが、トリュフの実際の産地には関心がなく、できるだけ安く買うことしか考えていないのもわかっている。つまり、正直なハンターの前にはなかなか買い手が現われないことになる。市場の駐車場は、イタリア南部、トスカーナ、アックアラーニャ（マルケ州）のナンバープレートをつけた車であふれている。どこで採れたトリュフであれ、トレーダーはアスティの商工会議所が定めた公定価格で売る。仲介業者やシェフが、トリュフの採集地を知るハンターと個人的に取引をしないかぎり、店頭に並んでいたりレストランで出されたりする白トリュフが、ピエモンテ産どころか、イタリア産であることを証明する手立てはない。

ただでさえ稀少な商品の品質にこだわりたければ、何でもかんでも本物だと信じ込むのをやめなければならない。贅沢品の誘惑や魅力は客観性の妨げとなる。トリュフの仲介業者は商品を売るが、同時に物語も売っている。それを買うことで、自分もポー川まで続く丘陵地帯や鬱蒼としたオークの森にいる気分になれる。白トリュフを買うゆとりのある人は、その物語の内容をろくに見ずに買っているのだ。

ウバルドが商工会議所と協力して調べた結果、無登録のダミー会社が少なくとも2社見つかった。イタリアの税務署にも届け出がなかった。その幽霊会社はクロアチアのトリュフを出荷し、アスティの仲介業者と闇取引を行い、売上額の合計が２５０万ユーロに届くほどであるにもかかわらず、ハンターのごとく足跡を残していなかった。

そのうちの1社はルーマニアとのつながりがあり、トリュフ関連のビジネスとは無縁のローマ近郊の地域にオフィスを構えていた。この会社は、ピエモンテの仲介業者にウクライナから出荷されたトリュフを提供していた。だが、ルーマニアの供給元を詐欺罪で起訴するために十分な証拠は集められなかった。

捜査では、モロッコから地中海を渡って５５０キロの砂漠トリュフ（イモタケ）が密輸されていたことも判明した。モロッコの砂漠トリュフをイタリア国内で販売することは法律で禁じられているが、個人消費や、トリュフオイルなどの加工製品（海外のバイヤーに輸出可能）の製造用には輸入が認められている。あるトレーダーは、砂漠トリュフを1キロ当たり6・5ユーロで購入し、それをビアンケットとしてミラノの高級レストランに売った。こうした砂漠トリュフに、客はキロ単価に換算すると５００ユーロもの高額を喜んで支払う。

科学者のジャンルイージ・グレゴーリは、北アフリカの品種に関する詐欺事件の公判で専門家証人を務めたこともあるが、彼によれば、簡単に見分ける方法は表面の硬さだ。「（砂漠トリュフを）壁に投げつければ、壁にひびが入るでしょう」とグレゴーリは言う。もうひとつは、類まれな香りがないことだ。ピエモンテ産の香りを例えるなら「オーケストラ」で、砂漠トリュフの場合は高校生のアマチュアバンド並みだという。

２００4年、グレゴーリはモロッコの首都ラバトで開かれた会議に出席した。その際、モロッコの国王に砂だらけの森に案内され、祖国で行われているのとはまったく異なるトリュフ採集を目にする機会に恵まれた。女性のグループが、大きな棒を手に砂の上を歩き回り、地面から顔を出している白と黄色の砂漠ユリの周りに集まる。棒がするする地面に入れば、そのまま差し込んでいく。何かに引っかかったら、棒を取り出して砂を掘る。ほどなく、いくつかの大きな袋が収穫物でいっぱいになった。その袋をどこへ持っていくのか、グレゴーリは聞いてみた。「カサブランカの空港よ」と女性のひとりが答えた。

「その後はどこへ？」。グレゴーリはなおも尋ねると、「イタリア。アックアラーニャ」。送り先はアックアラーニャのマリーニという会社だった。詐欺行為が2～3年続いたところで、イタリア政府はようやく腰を上げ、砂漠トリュフの通関手続きにそれまでよりも厳しい条件を課した。だが、マリーニは現在もビジネスを継続している。

私がグレゴーリと会ったのは、アックアラーニャ近郊の山麓にあるレストランだった。山は森林に覆われ、野生のトリュフが豊富に採れる。ふと気がつくと、トリュフの研究に生涯をささげてきたはずのグレゴーリは、ポルチーニのパスタを食べていた。

ウバルドの捜査対象となったレストランでは、モロッコ産のトリュフをピエモンテ産のビアンケットとしてメニューに載せていたが、シェフやオーナーが詐欺師とグルなのかどうかは判断がつきかねた。５５０キロの輸出量のうち何割かは、きちんと砂漠トリュフとしてドイツ、スペイン、オーストリアの会社へ送られていた。

２０１５年11月に私がウバルドを詰所に訪ねたときには、トレーダーはモロッコ産トリュフをイタリア国内で販売するための管理費を支払っていたが、ビアンケットとして売った詐欺罪で起訴された裁判は進行中だった。ウバルドは、ウクライナのトリュフを密輸していたルーマニアの会社が、いまでもアスティの仲介業者に商品を提供しているとにらんでいた。これまでに起訴された大手トレーダーは、いずれも有罪判決を受けず、事実上廃業に追い込まれた者もいない。それどころか、捜査対象のトレーダーや会社は、いまこの瞬間にも活発に取引を行っていた。

森林警備隊の捜査が終了するまでに、14名の仲介業者の名が、いずれも産地偽装により利益を得ていた証拠とともに検察局に提出された。あとで裁判に関する地元の新聞記事を読んで知ったことだが、そのうちの1名は、私が以前食事をともにしたサンドリーノ・ロマネッリだった。

捜査の結果、ロマネッリは（新聞によれば、起訴された仲介業者のうち最も有力な人物だった）、少なくとも7キロのクロアチアとモリーゼのトリュフを地元アスティの自治体に、さらに2キロを複数のレストランに販売していた（うち1軒はマンハッタン）。彼とトニー・メイとの関係や、捜査とほぼ同時期に〈ＳＤ26〉で開かれたトリュフディナーに特別ゲストとして招かれていたことを考えると、そのときの客はイタリア産に見せかけたクロアチア産トリュフを食べていた可能性もある。あるイタリアのトリュフ関連ニュースサイトでは、裁判の記事にサンドリーノの昔の写真が掲載されていた。若き日のサンドリーノは、白トリュフを手に、ロバート・デ・ニーロと著名なイタリア人テノール歌手アンドレア・ボチェッリに挟まれて立っていた。

2014年6月に開かれた公判では、被告側弁護士のマウリツィオ・ラッタンツィオが、すでに退職していた元・森林警備隊隊長のレナート・ディオダに捜査に関して質問をした。「トリュフにはナンバープレートがありません」。ディオダは立件の難しさを裁判官に説明する。「われわれの場合は、勘定書の数字および記述に基づいて捜査を行いました」。サンドリーノがトリュフを買うところをこの目で見て、産地の違いに対する彼の考え方を知っている私には、彼が細かい勘定書を作成しているとは思えなかった。彼がレストランでトリュフを買った際には、食べて、飲んで、騒いで、口論していただけだ。一切メモは取っていなかった。

2016年3月、裁判所はサンドリーノおよび他の6名の仲介業者、ハンターに対して無罪を言い渡した。ラッタンツィオが、サンドリーノがアルバ産トリュフを売る際にはイタリアの白トリュフの略称を用いただけで、実際の産地には言及していないと主張したのだ。どのトレーダーも、ピエモンテ以外で採れたアルバ産トリュフを売っているため、産地の表示されたラベルは法的に意味がないと。そう考えると、サンドリーノが不正表示の慣習を堂々と口にするのも無理はないかもしれない。だが、現行の法律と、それを施行するという報われない仕事に励む警察機関の人間は、この現実離れした法解釈に納得がいかなかった。

捜査が終了してから数年後、ウバルドはアスティ県の森林警備隊隊長に昇進した。壁にさまざまなキノコの絵が飾られた1階の待合室を通って、2階の角にある彼女のオフィスに入ると、建物の裏に広がる芝地に立ち並ぶ高い木々を見下ろすことができる。額に入ったポスターには、イタリア語で「キノコは森を守る」のキャッチコピー。L字型のデスクには、表紙に花と蝶の写真を使った小さな雑誌と、その横に捜査関連の書類が山積みになっていた。

ウバルドを仕事に駆り立てているのは、環境に対する愛と地球を守りたい気持ちだったが、その満足げな笑みを見ると、詐欺行為を働く男たちの狡猾さに好奇心をそそられているようにも見えた。産地偽装が明らかになって以来、森林警備隊はメディアを通じて大々的なキャンペーンを行い、アスティのバイヤーに対して不正表示の可能性があることを警告し、購入前に産地と重量を確認するよう促した。言うまでもなく、産地を明確にすることには、食品安全上の目的もある。汚染やその他の原因により安全性に問題のある食品は、病気の流行を防ぐためにも追跡可能な状態でなければならない。だがウバルドがとりわけ心配しているのは、トリュフの産地偽装によって、稀少中の稀少を求め、時間と費用をかけて森や市場の隅々まで歩き回るハンターやトレーダーが損害を被ることだ。また、正真正銘のピエモンテ産トリュフの評判を貶める事態にもなりかねない。

いまよりも現金取引が減れば、取り扱うトリュフの量や種類に関して透明性が向上するとウバルドは考えている（現行の規則では1000ユーロ以下の現金売上は税務報告が不要）。売上高の確認を申請された産地に照合して行えるようになれば、捜査当局の注目は免れないだろう。毎年ピエモンテで採れるトリュフの数には限りがある。ウバルドのチームは、できるだけ制服姿で市場を巡回し、トレーダーに監視の目を光らせている。

取るに足らないトリュフディーラーの捜査などは、ほんの戯れに見えるかもしれないが、ヨーロッパにおける食品偽装はたちまち大きな問題となりつつあり、しばしば犯罪組織の利益にも結びついている。イタリアの国家憲兵隊の所属で、食品および衛生関連の監視や検査を行う不純物対策・保健グループ（NAS）は、テロ事件を捜査するFBI並みに食品偽装事件を捜査する。イタリア各地に38の事務所を構え、1000名以上の兵士を配備するNASは、詐欺師を捕らえ、店舗の棚から偽装された食品を取り除くために日夜働いている。本格的な監視作戦の許可が下りることもある。カメラを使った容疑者の尾行、GPS装置による輸送ルートの追跡、盗聴器、電子メールの監視などだ。倉庫や製造工場の強制捜査を行う際には銃を携帯する。

彼らが捕らえようとしている詐欺師たちは、組織化された危険な存在だ。国家憲兵隊の元少佐セルジオ・ティッロは、くすんだ金髪に鋭い眼光、国籍不明の雰囲気を漂わせた男だ。かつて彼は、南イタリアのあるオリーブオイル工場に踏み込んだ。黒と赤の軍服に身を包んだティッロと

３人の同僚は、用意周到に突入に備えていた。ドアを破ると中には10人の男がいて、降伏するところか襲いかかってきた。「彼らは警察が相手だろうが、怯むことはない」と、現在はユーロポール（欧州刑事警察機構）で働いているティッロは当時を振り返った。結局、倉庫の男たちは全員逮捕された。彼らは世界中のオリーブオイルの供給を上回る偽物の製造に関わっていた。安いひまわり油を大量に購入し、クロロフィル、カロテン、食用色素を混ぜて、エキストラバージンオリーブオイルに似せたものを作っていたのだ。できあがった製品は、本来の価値の12倍もの値段で売られた。

犯罪組織が目をつけたのは、オリーブオイルだけではない。多くのイタリアの伝統食品が彼らの資金源となっている。水牛のモッツァレラチーズを作る水牛農家は、ナポリの犯罪組織カモッラの監視下にある。ＮＡＳの担当者が、水牛の健康状態を確認するために血液、乳、毛のサンプルを採取しようとすると、威圧的な男たちが担当者の手からサンプルを取り上げ、地面に叩きつけた。ナポリ一帯では、ワインとオリーブオイルを運ぶトラック運転手は、必ず銃を持っているのは有名な話だ。

犯罪組織は、イタリアおよびフランスのワインやシャンパンを狙った偽のミラーサプライチェーンを築いた。ワインやシャンパンを製造し、ボトル、キャップホイル、コルク栓を作るか、あるいはメーカーと契約し、デザイナーを雇って偽のラベルを作らせ、営業チームを結成して世界各国の食料品店を回り、ある日突然、モエ・エ・シャンドンやボチェッリ・プロセッコ、ブーブ・

クリコ、ブルネッロ・ディ・モンタルチーノなどの偽物を売り出す。ティッロは、NASの地下にある押収した偽物でぎっしりの飾り棚を見せてくれた。犯罪組織はパルマの生ハムの刻印機まで作っていた。2012年のある強制捜査では、偽の刻印が押された生ハム6144本を押収した。ありきたりの安いハムが、わずか数秒で世界の最高級品となったのだ。

この20年間、国際市場において、かつてないほどイタリアの食品の人気が高まるにつれて、カモッラ、ンドランゲタ、コーサ・ノストラといった犯罪組織は、容易に違法収入を得る方法を見つけるようになった。コカインやヘロインのように価格も需要も上昇したが、コカインやヘロインとは違って発見されるリスクは低い。イタリアの農家や他の食品生産者のための組織であるコルディレッティの試算によると、「アグロマフィア（農業マフィア）」は偽物、産地偽装、その他不法に操作した飲食物で毎年270億ドルも稼いでいるという。捜査当局は、その収益がドラッグや人身売買などの他の違法活動と深く結びついていると考えている。

「これは産業全体の問題なんです。一部の人間の話ではなく」とティッロは説明するが、その前に、ニンニクとタマネギのせいで息が臭いことをしきりに詫びた。在ローマ中国大使館で本格的な昼食会があったのだという。彼はミント味のタブレットを口に放り込んでから続けた。一部の国では、イタリアほど食品表示は厳格ではない。偽装表示が発覚しても行政処分を受け、表示の訂正を要求される程度だ。だが、ティッロはその考え方には納得がいかない。「犯罪を訂正することはできません」

トリュフの偽装は、他の食品のように表示を偽る必要はない。通常トリュフはそのままビニール袋や鞄に入れるか、ペーパータオルに包み、検査および交渉を経て、ラベルをつけずに売られるからだ。ロット番号、収穫日、産地に関する書類もなく、仲介業者がハンターに独自の明細書を発行する程度だ。有名なチーズ、ハム、バター、酢、ワインなど、産地の歴史やテロワールと深く結びついた食品とは異なり、トリュフはＤＯＣ（原産地統制呼称）で保護されることはない。文化的な価値にもかかわらず、公認の歴史や市場を持つ公認商品ではなく、ブルネッロのワインやパルマの生ハムのように、保護協会や規則、製品に関する法律で保護されていない。トリュフの原産地や品種は、売り手が買い手に納得させるものなのだ。買う側がジュゼッピーナ・バレストラのような鋭い嗅覚の持ち主でないかぎり、偽装を見抜くには顕微鏡や遺伝子分析を用いる他はないだろう。

カモッラの関与は疑われているものの、現時点で明確な証拠はない。ＩＣＰＯ（国際刑事警察機構）は、高級食品の偽装に対する犯罪組織の関心は年々高まっていると見ている。判断できるのが一部の玄人に限られるため、偽装が容易でリスクも低いからだ。２０１２年には、トマトソース30トン、チーズ7万7０００キロ、チョコレートバー3万本をはじめ、さまざまな偽造食品とともに、キャビアおよびトリュフの偽装品2トンが各国の警察機関からＩＣＰＯおよびユーロポールのオペレーションＯＰＳＯＮ（古代ギリシャ語で「食べ物」の意味）に報告されている。

各州のトリュフハンティング協会から、トレーサビリティの義務化、ハンターのライセンス番号の活用（採集を許可された州に対応）といったさまざまな提案がイタリア議会に出されてきたが、実現には至っていない。そうした手段によって、外国産トリュフを国内産に偽装することは難しくなるが、それ以外の不正行為に対して提案された解決方法と同様に、業界で力を持つ仲介業者はほとんど関心を示していない。

２０１２年、ちょうどウバルドが書類の確認を始めた頃、ＮＡＳではティッロの部下が２８０キロ東のボローニャ近郊で行動を開始していた。舌の肥えたトリュフ愛好家から、この地域のレストランで出されているビアンケットの味が本物らしくない、という情報が相次いでＮＡＳに寄せられたのだ。ティッロは早速パオロ・ファッシャーニに調査を命じた。

ファッシャーニは陽気で恰幅のよい男で、しばしば理由もなく、ただ人生を楽しんでいることを示すために笑みを浮かべる。老舗レストランの隅の席でシェフのパスタを試食し、そこに新鮮なトリュフを削る喜びのために自腹を切っている姿が目撃されることも少なくない。服装はきちんとしている（大体において）。ワイシャツにネクタイ、セーター、スラックス、銀の時計。だが、どういうわけかテニスシューズを履いている。二重あごに茶色い目、白いものが交じった黒髪。木の幹のような太腿や、まるまる太った胴体に比べると、手の小ささが際立って見える。

ファッシャーニの個人メールアドレスは、伝説のジェダイマスター、オビ＝ワン・ケノービの名前で始まる。早口で、言葉が考えに追いつかないかのように畳みかけてしゃべる。裏社会の事情に通じ、有力な情報を入手する術も心得ている。身体的な能力（追跡や武器を取り上げたりすること）に欠ける分、直感とユーモアに秀でている。上司はゆっくり考えながら文と文を区切って話すが、ファッシャーニは段落で話す。

大学を卒業後、彼は犯罪現場の捜査部署かNASで働くことを目指して国家憲兵隊の養成学校に入った。NASなら大好きなことに携われると考えたからだ。そう、食べ物に。だが、複雑な食品の捜査を担当するまでに、平凡な街頭パトロールを7年間も続けなければならなかった。NASの捜査官に空きが出るとファッシャーニはすぐさま応募し、見事試験に合格してボローニャの事務所に配属された。そして早速、食品偽装の捜査を開始したというわけだ。

常に有力な手がかりを探しながら、犯罪者、レストランのオーナー、客、業者に話を聞いた。匿名のメールや電話が来ることもあれば、直接事務所を訪ねてくる者もいた。トリュフに関する情報をどこで入手したのかは教えてくれなかったが、ファッシャーニによると、プロセッコなどの有名商品の偽装が相次いでから、イタリア人の目は驚くほど鋭くなったという。スーパーマーケットではラベルを見て、慎重に値段を判断する。したがって、ボローニャの事務所に寄せられた情報も、調べてみる価値があるほど確実なものに違いない。通常、ファッシャーニの捜査では、盗聴やカメラによる監視は認められていない。検察官がそうした捜査特権を許可するのは、医薬品に関する事案か、住民の健康被害に関する情報のみだ。トリュフの調査では認められないことはわかっていたが、それでもファッシャーニは調べると決めた。

彼はボローニャ県の小さな町にあるレストランを訪ね、店で出しているトリュフを見せてほしいと頼んだ。袋の中をのぞくと、ビアンケット特有の土の香りが鼻孔をくすぐる。だが、ひとつを取り出してしばらく置いておくうちに、香りは消えてしまった。仲介業者の請求書だけでは、レストランはトリュフの産地を特定することはできない。オーナーが知っているのは、そのトリュフの仕入先であるトスカーナ州ピストイア県の会社名だけだった。他の書類を確認することができず、ファッシャーニと同僚は、その店のトリュフをすべて押収せざるをえなかった。

次に向かったのはボローニャの中心街に近いレストランだったが、厨房で見つけたのは同じトリュフだった。やはりトスカーナの会社から仕入れたもので、どちらの店のオーナーも、ビアンケットの市場価格であるキロ当たり１００～５００ユーロを支払ったという。取引時に、その会社の担当者は請求書に販売価格を記入しないよう求めた。価格を割り引いたり、他のキノコやオリーブオイルなどをサービスでつけることも多かった。

トリュフを証拠品として事務所に持ち帰ったファッシャーニは、ボローニャ大学の真菌学教授でトリュフの専門家として世界的に名高いアレッサンドラ・ザンボネッリに連絡して、その見慣れないトリュフの品種特定に協力を要請した。教授は遺伝子分析を行った。結果は、情報提供者の直感が正しいことを証明した。それは、メニューに載せられていたイタリアのビアンケット(Tuber borchii)ではなく、Tuber oligospermumという砂漠トリュフの一種で、地中海沿岸の乾燥した砂漠地帯で育つものだった。チュニジアでは1キロ当たり10セント程度で売られている。イタリアでは食材としての価値は認められておらず、したがって販売は禁じられていた。さらに分析を進めた結果、ファッシャーニが最初に袋を調べた際に感じた香りは、ビス（メチルチオ）メタンの可能性があると報告を受けた。人体に有害な石油由来の香料だ。

ＮＡＳの他の部署と協力して、ファッシャーニはトスカーナへの出張許可を申請し、２軒のレストランがトリュフを購入した小さな会社を捜索した。そして、ボローニャで見つけたのと同じものとおぼしきトリュフ１キロと、それがチュニジアから輸入されたことを示す書類を発見した。

会社側の説明では、その地域でチュニジアのトリュフを売っているのは自分たちだけではないという。多くのレストランでは、非の打ち所のない評判の高級レストランも含めて、チュニジアのトリュフが出されていると社長は言った。なぜ知っているのかといえば、彼自身がチュニジア人の密輸業者と交渉し、現地で買ってきたトリュフをイタリアとの国境付近で受け取ったからだ。そうして何度かやりとりを重ね、他の業者とも取引を行ううちに、その社長は業界内の不法貿易に携わる人間と顔見知りになった。彼はファッシャーニの情報提供者となることに同意した。「小さな魚は網にかかったと知ると、観念してしゃべり始めるんです」とファッシャーニは言った。

社長の証言に基づいて、ファッシャーニは、ボローニャで同じ密輸トリュフを提供しているというもう１軒のレストランへ行ってみた。そこでは、スライスされたビアンケットの瓶詰が２つ見つかった。明るい場所で見るなり、ファッシャーニはその原料が北アフリカの砂漠で採れたものだと考えた。蓋を開けると、最初のレストランで嗅いだのと同じ人工的な強い香りが広がる。間違いない。ファッシャーニたちは瓶詰を押収し、ザンボネッリのもとに持ち込むと、案の定、砂漠トリュフをスライスしたものだと判明した。

そのレストランから、ボローニャにある会社の請求書が提出されたが、そこに記された住所には何もなかった。あとでわかったことだが、その会社は営業をやめ、場所と社名を変えていた。追跡してようやく見つけ出すと、経営者から、初めて大きな魚につながる有力な手がかりを得ることができた。スライストリュフの瓶詰は、ボローニャでもトスカーナでもなく、北東のマルケ州、アドリア海沿岸のファーノにある大手トリュフ会社が製造していた。ファッシャーニと上司は、ヨーロッパ保護法を引き合いに出して会社名は一切出さなかった（私が話を聞いたときには裁判が進行中だった）。しかし、ファーノの会社は「とても有名」だと教えてくれた。

NASの捜査官が踏み込むと、スライスしたチュニジア産トリュフの瓶詰300キロ分が見つかった。会社はちょうど、その15万ユーロ相当のラベルを貼り替えた商品をブラジルに輸出するために梱包しているところだった。幹部の話では、ボローニャの別の会社がチュニジア製品の輸出入に協力しているという。

捜査官の到着したタイミングは幸運以外の何物でもなかった。トリュフの加工品は通常、梱包から出荷まで間が空かない。注文が入ると、ただちに運び出される。原料の到着からスライス、瓶詰、偽装ラベルの貼り付けまでの製造過程は、わずか2日間ほどだ。ファッシャーニたちが着いたのは、まさに工場からトラックに運び込まれる日だった。つまり、詐欺行為の全容および動機は一目瞭然だった。高級品のラベルがすでに安物に貼られている。到着が少しでも早く、原料に手がつけられていないか、あるいはスライスや瓶詰作業の途中なら、有能な弁護士であれば起訴を免れていたかもしれない。

一方で立証が難しいのは、比較的大きな会社が、どうやって税関の目をくぐり抜けてトリュフを密輸したのかということだ。おそらく複数の密輸業者を雇い、他の種々雑多な製品とともに大型の輸送コンテナに隠して運んだに違いない。イタリアの国境警備隊は、武器や薬物を発見するための訓練は受けているが、無臭の砂漠トリュフは想定外だ。ザンボネッリとともに数カ月かけて調べを進めるうちに、ファッシャーニはトリュフ業界の巧妙な仕組みや、ビアンケットと砂漠トリュフの違いを理解するようになった。いずれにしても、徹底的な検閲を受けるコンテナはごく一部だ。それに、たとえ検閲を受けたとしても、「ビアンケット」や「白トリュフ」のラベルが貼られていないかぎり、砂漠トリュフの輸入は禁じられていない。

ＮＡＳは４社に対して、チュニジア産トリュフの輸送および販売を停止させた。

製品が押収され、偽装が公になると、同じように偽装工作に関わっていた会社は手を引き始めた。全面的に撤退するか、あるいは別の儲け話を見つけるのかもしれない。砂漠トリュフがすべて差し押さえられると、大部分の会社やレストランは不正表示をやめた。

だが、トリュフ業界で犯罪行為を行うリスクは依然として低い。自己で請求書を発行するかぎり、偽のビアンケットを、チュニジアの密売人ではなく匿名のハンターから購入したことにするのは簡単だ。共犯者を賢く選び、密告を警戒すれば、会社は少ない投資で巨額の利益を手にできる。「1キロ当たり5000ユーロで、しかも木の下で見つかるなんて、そんなものが他にありますか?」とファッシャーニは尋ねた。

一流品や高級品が大衆の手に届くようになると、次第に本物らしさが失われ、その名前とはまったく別物となってしまう、というのがファッシャーニの持論だ。偽装者たちはよく理解している。ほとんどが人工的な風味をつけられたオイルやクリームではなく、新鮮なトリュフを削ってもらうために大金をはたいた経験のない人は、トリュフの本当の味も香りも知らないということを。この10年でトリュフが大ブームとなり、どう見ても高級レストランではない店のメニューにトリュフポテトやトリュフピザが普通に載るようになったことも、詐欺師に付け入る隙を与えている。見かけだけの豊かさでも買いたいという飽くなき憧れが、詐欺師がはびこる土壌を整えているのだ。

ファッシャーニは目下、情報提供者の協力を得て、ザンボネッリと相談しながら新たなトリュフの捜査を進めているという。チュニジアからトリュフを買っているのは、すでに摘発した会社だけではない。詳しいことは話せないが確かな手がかりを掴んでいる。ファッシャーニはきっぱりとそう言った。

トリュフの偽装事件は後を絶たない。イタリア中で、未申告の東欧産トリュフを山ほど積んだトラックやバンが次から次へと止められている。２０１７年、イタリアの財務警察は、国内最大手も含めたトリュフ生産者の税金詐欺が６６００万ユーロにのぼると発表した。２０１８年にはトルコで、26キロのビアンケットをブルガリアへ密輸しようとしてイタリア人が逮捕され、10万ユーロ以上の保釈金を支払った。トリュフの偽装犯は、ファッシャーニやウバルドといった人物をあざ笑うかのように大胆に行動している。そして、ターゲット市場も理解している。それは、本来の味や香りではなく、階級、富、洗練といったイメージを求めてトリュフを買おうとする人々だ。

第9章

王国の隆盛

世界一の歴史と規模と成功を誇るトリュフ会社の経営者として、オルガ・ウルバーニはしっかりと時間の管理をする必要がある。誰とでも気軽に会えるわけではない。直接連絡を取ったプランタン社のクリストフ・ポロンやサバティーノ社のフェデリーコ・バレストラとは違って、彼女に会うにはまずは代理人を通し、続いてアシスタントの協力が不可欠だ。

オルガは、イタリア全土に「トリュフ王」の名を轟かせた故パオロ・ウルバーニの娘で、祖父の故カルロは、1960年代に真菌学者のジム・トラッペに会社の武装警備員を見せた人物だ。ウンブリア州の小さな町、スケッジーノ近郊にある同社の国際事業本部で、オルガは会社の経営、法律業務、広報、企業イメージ戦略を一手に引き受けている。

2012年には、会社の顔として、業界内の偽装問題を取り上げたCBSのドキュメンタリー番組「60ミニッツ」で重要な役割を果たし、世間にその存在を印象づけた。ウルバーニ家の所有する森で、オルガは番組の進行役であるレスリー・ストールのトリュフ狩りに同行し、その後はカメラの前で、１キロ当たり20ユーロの安い中国産トリュフを最高級の黒冬トリュフだと偽るハンターや仲介業者を非難した。オルガはどこか貴族のような話し方で、冬にもかかわらず日焼けして、大きな毛皮のコートを着ていた。その姿は、まるで『１０１匹わんちゃん』に登場するファッションセンス抜群の悪女のようだったが、番組内では知的で熱心な役どころを務めた。

ウルバーニの本社は、人里離れた渓谷を貫く2車線の道路沿いにぽつんと建っていることを除けば、何の変哲もない社屋だった。社長室の大きな窓からは、バルネリア渓谷の鮮やかな緑の平原、木々が生い茂る斜面、迫力ある美しい岩山を見渡すことができる。私が訪ねた11月下旬には、山はその年の初雪でうっすらと覆われていた。道路の向こう側には、豊かな緑のトンネルを抜けて流れるネラ川が見える。トリュフハンターとトリュフ犬をデザインした大きな「ウルバーニ・タルトゥーフィ」の看板が、強い風に煽られてくるくる回っていた。

デスクに近づくと、若くて美しいアテンド役のシルビアを紹介された。オルガから敷地内を案内するよう命じられたのだ。オルガに会う前にツアーに出かけなければならないらしい。一族の遺産を理解しろということだろう。まずは、ウルバーニの合計50ヘクタールに及ぶトリュフ農園のひとつを調査するハンターに同行した。トリュフ犬のルーナは、わずかな指示で機械のように正確に動く。ハンターの話では、トリュフ狩りの醍醐味は（ルーナのような利口で自発的な犬を連れていくこと以外に）、たくさんのトリュフを見つけることだという。世界のトリュフ市場の公称70％を扱う会社で働くハンターとしては、模範的な答えに違いない。

次に、シルビアの運転する車で細い道を通り、スケッジーノという人口460の小さな町へ向かった。オルガが2010年に亡くなった父パオロを記念して2012年に作ったトリュフ博物館で、歴史の勉強をするのだ。ウンブリア育ちらしく、子どもの頃に冬になると週に一度は母の作るトリュフ料理を食べていたというシルビアが、石造りの建物のドアを開け、明かりをつけて回った。創業当時の製造施設がここで稼働していた。19世紀半ばから後半にかけては、小さな部屋が1つあるだけで、岩だらけの森でその日に採れたトリュフを洗うスペースしかなかった。その後、会社は大きな成長を遂げた。博物館は、まさに現代のマーケティングが具現されているかのようだった。手前の部屋は、床にイタリアのさまざまなトリュフ生産地の地図が転写され、木の棚に並んだウルバーニの新商品は購入することができる。

「ここは小さな売店になっています」と話すシルビアの英語は美しく滑らかだが、ところどころイタリア語の歌うようなアクセントが強い。どこか高貴な口調で話すところを見ると、会社のことについては、オルガ以下、従業員は全員同じ話し方をするに違いない。「トリュフ入りのトリュフチョコレートを試食してみませんか」とシルビアは半ば尋ねるように言って、チョコを差し出した。「これは黒トリュフ入りのブラックチョコレートです。そして、こちらが白トリュフ入りのホワイトチョコレート。白いほうが香りが強いです」。トリュフとチョコのハーモニーだった。
「トリュフの加工食品もあります。ソースはいろいろな種類があって、材料も、トリュフの割合も異なります。他にもオイル、スイーツ、蜂蜜、パスタはトルテッリーニやタリアテッレ。そして塩、ポレンタ……これはイタリアの伝統的な食べ物です。お米も。それからバーベキューソース、ケチャップ、カレー、マスタード、マヨネーズ、みんなトリュフ風味です。バターにチーズ。ひととおりそろっています」。シルビアは笑いながら言った。トリュフ風味のバーベキューソースなど、なぜ欲しがる人がいるのかわからなかったが、ウルバーニの神聖な場所で、そのコンセプトに反論するのは冒瀆行為のように思えた。製造されている商品の数は全部で６００、世界70カ国に輸出されているという。私が住んでいるカリフォルニアのイタリア食材専門店では、ウルバーニの５００グラム入りの乾燥ポルチーニが47ドルで売っていた。

ウルバーニ家で最初にトリュフに商機を見いだしたのは、谷で農家を営んでいたコンスタンティーノ・ウルバーニだった。気づいたのは、おそらく自宅近くの丘陵地帯に広がるレッドオークの森の奥深くだった。野生のトリュフを採集していて、雌豚が予想以上にたくさんのトリュフを発見したのだ。コンスタンティーノは１８５２年に会社を設立し、自分や雇ったハンターが見つけた黒冬トリュフを南仏カルペントラスの市場に出荷した。フランスではトリュフの需要が爆発的に増え、トリュフ商人のオーギュスト・ルソーが人工栽培の実験を始めたところだった。それがウルバーニとフランスのトリュフ商人の長きにわたる関係の始まりとなった。

仕事は単純だった。初期の頃は、女性スタッフが上質の黒冬トリュフを選り分けてかごに入れ、川岸まで運んだ。そして、骨まで凍るような冷たい水で洗ってから木箱に詰め、出荷に回した。部屋は狭く、内容は単調だったので、女性たちは気分転換のためにしばしば役割を交換した。

コンスタンティーノの跡を継いだパオロ・ウルバーニ・シニアは、フランス以外の市場を積極的に開拓した。きわめて繊細で傷みやすい商品は、馬車や機関車で長時間運ぶ間にだめになってしまうことも多く、まずは遠方の顧客のところまで無事に届けられるように、トリュフをうまく保存する仕組みを考えることが課題だった。長年その期待に応えてきたのが缶詰だった。だが、マーケティングにおいて時代の先駆者とも言うべきパオロ・シニアは、トリュフの調理経験のない人にも自社の製品を届けたいと考えていた。そして、20世紀初頭のシェフに、使ったこともない、しかも中身の見えない外国製品を買わせるのは至難の業だと気づいた。「日頃使い慣れない食材を買うとしたら、それがどんなものかを知りたいですよね」とシルビアが説明する。

カルペントラスでルソーの瓶詰の技術を学んだパオロ・シニアは、密封できる瓶を開発した。これならシェフも他の顧客も、ごつごつした黒いダイヤモンドがはっきり見えて、多額を投資することへのためらいも消えるはずだ。昔の道具や電報が数多く展示されているなかで、シルビアは当時の瓶詰のひとつを指さした。その中のトリュフは、少なくとも100年以上前のものだという。パオロ・シニアのアイデアは「天才的」だったというシルビアの口調は、あたかもビッグバンについて学んで畏敬の念を抱いているかのようだった。

容器の切り替えとともに、トリュフの出荷量は飛躍的に増加した。パオロは、世界中のシェフがトリュフに出合うまで指をくわえて待つつもりはなく、各国に社員を派遣して、シェフの目の前でトリュフの食材としての魅力をアピールさせた。１９４６年になると、２代目社長のカルロの下で、ポールという名のアメリカ人の甥が働くようになった。ポールはアメリカ進出の拠点を現地に築きたいと考えていた。だが時をおかずして、旧世界のビジネスをアメリカのキッチンに紹介するのは予想以上に難しいことに気づいた。「彼は出だしでつまずきました。そもそもアメリカ人はトリュフというものを知らなかったのです」とシルビアは説明した。そして、トリュフを知っている数少ないシェフは、フランス産を使っていた。

いつの時代にも、競争の激しい食品市場では、他よりも目立つことが重要な役割を持つ。そのため歴代の経営者は、缶詰にも瓶詰にも、ウルバーニのすべての製品に色鮮やかなラベルを貼り、イギリスやアメリカ市場向けのものは表示を英語に翻訳するよう指示してきた。創業まもない頃から、商品イメージとブランドの確立を目標としてきたのは明らかだ。ウルバーニ一族はトリュフを提供するだけでなく、トリュフの需要を生み出しているとも言える。スケッジーノという小さな町から国際的な事業の拡大を目指すのは容易ではなかった。田舎町の本社とアメリカのワンマンの事業所間で大幅な連絡の遅れが生じることもあった。それでも、カルロは甥を励まし続けた。アメリカ人に食材としてのトリュフの無限の魅力を理解してもらえると信じていたのだ。

1951年、ポールは少なくともマスコミへのアピールには成功していた。イタリアでの一族の事業について、彼はニューヨーク・タイムズ紙のジューン・オーウェンの取材を受け、スケッジーノの近辺では白トリュフはほとんど採れないため、会社のバイヤーとともピエモンテを訪れたことを話した。「現地のトリュフハンターは、われわれの到着日を知っていたのでしょう。地面から掘り出したばかりのトリュフをかごに入れて持ってきました。支払う金額は重さで決まるので、石が紛れ込んでいないかどうか注意しなければなりませんでした」。ポールはさらに叔母のオルガ（現社長のオルガの祖母）や、彼女の見事なトリュフ料理の腕前についても話した。牛ひき肉と混ぜたり、オムレツに入れたり、ソースに加えたり。「スパゲッティやチキンにかけるトリュフソースもあります。マスとは特に相性がいいんですよ。ウルバーニ家の前を流れている山間の川ではマスがたくさん獲れますから」。オーウェンは目を丸くして聞き入った。

1970年には、ニューヨーク・タイムズは有名なフードジャーナリスト、クレイグ・クレイボーンをはるばるスケッジーノまで送り、ウルバーニの国際的な事業展開を取材させた。「ウルバーニ氏のトリュフは自由世界の至るところで食べられている。実際、彼の商品で飾りつけ、味つけをされた料理を提供しない高級レストランは、めったにお目にかかれないほどだ」とクレイボーンは書いている。

カルロはクレイボーンに語った。「それだけではありません。トリュフは身体にもいいんです。私の父はずっとトリュフを食べ続けて、90歳まで生きました。その父親は、やはりトリュフが大好きで、１００歳まで長生きしています」。クレイボーンは、カルロとその妻が「邸宅に住んでいるが、部屋数が多いにもかかわらず、実際には質素な暮らしをしている」と伝えた。

その間に、ポールはマンハッタン市場への参入を果たし、〈フォーシーズンズ〉〈ウインドウズ・オン・ザ・ワールド〉〈ジャンベッリ〉といった名だたるレストランにトリュフを提供するようになった。さらには、ディーン＆デルーカやバルドゥッチなどの高級食料品店にウルバーニの棚を確保することにも成功した。同じ時期、ウルバーニ一族は市場の独占に乗り出す。白トリュフを専門に扱い、国内では唯一のライバル企業であるアルバのタルトゥーフィ・モッラをジャコモ・モッラから買い取ったのだ。

１９８０年代前半には、カルロの長男パオロがウルバーニの経営を引き継ぎ、父と同じく国際市場におけるさらなる拡大を目指した。ブランドの確立と海外の食材への関心を高めるために、元アメリカ大統領ロナルド・レーガンに５００キロの白トリュフを贈ったのも、パオロのアイデアだった。そのヒントとなったのは、１９４９年にモッラが女優リタ・ヘイワースにトリュフを贈って注目を浴びたことだった。その後もハリー・トルーマン、ウィンストン・チャーチル、ジョー・ディマジオ、マリリン・モンロー、ドワイト・アイゼンハワー、アルフレッド・ヒッチコックなど、数々の著名人がトリュフの贈り物を受け取っている。

ウルバーニ一族は販売促進に余念がなかった。ワインと食事でシェフをもてなし、ヨーロッパ中のトリュフ祭りや食品見本市を巡り、ポールはアメリカで営業活動に励んだ。その結果、ウルバーニはトリュフ業界のトップ企業として世界的に名を知られるようになった。パオロはクリエイティブな才能を発揮し、「トリュフ王」として業界に君臨した。その王女であり、一人娘のオルガは父の正統な後継者として、ファミリー企業の5代目に就任した。彼女の息子が6代目を継ぐ予定だ。

会社の方針は昔と変わらず、ターゲットとなる顧客に受け入れられる方法で商品を提供する。最近では、寿司にのせるために開発されたトリュフカルパッチョやトリュフ醤油に日本市場から引き合いがある。ウルバーニの名は、トリュフ業界では知らない者はいない。

「チョコレートはいかがでしたか?」とシルビアが尋ねた。

「とてもおいしかったです」

私たちは博物館を出て、シルビアはドアに鍵をかけた。風を顔に受けながら車に戻る。いまから「トリュフ・アカデミー」で昼食を取る予定だとシルビアから説明を受けた。社屋の裏にある近代的なガラス張りの建物だ。彼女は親しみやすい笑顔の持ち主で、新入社員らしく意欲にあふれていた。狭い谷間の道を走りながら、かつては工業都市として栄えたテルニから会社まで、毎日片道30キロを通勤しているが、ちっとも苦にならないと話してくれた。「見るたびに景色が違います。とても美しいです」。彼女はドライブについてそう表現した。

昼食後、私は本社の会議室に案内された。そこにはウルバーニのありとあらゆる商品が陳列されていた。ここに到着してから何時間も経つが、いまだに目当ての人物は顔も見ていない。案内ツアーは多分に宣伝目的で、一体、社長本人とはどれだけ話す時間があるのか、心配になり始めていた。すると、ふいにシルビアが安心させてくれた。「もうじきミズ・ウルバーニがいらっしゃいます」

ほどなくオルガが部屋に入ってきた。袖にフリルがついた長い黒のドレスを着て、優雅なイヤリングを耳元に揺らし、おそらくシルビアの車よりも高価な真珠のネックレスをつけていた。こげ茶色の髪はポニーテールにまとめ、非の打ち所のない真っ白な歯が、日に焼けた肌にきらめいている。やさしく、上品で、ややアニメっぽい声だった。オルガは心から私の訪問を喜び、思いがけず真摯な態度で接してくれた。ＣＢＳの番組ではいささか奇妙な印象を受けたが、あれは演技でも物真似でもなく、彼女の本来の姿だったのだ。

オルガはこの上なく魅力的かつ社交的な女性で、席につくなり、私が他にどこの会社を訪ねたのかを知りたがった。いまのところはサバティーノだけだと答えると、「サバティーノだけ？」と、まだいくらでも訪ねるべきところがあると言わんばかりの口調で尋ねた。世界中にトリュフの会社は２００社以上ある、と。「アジアに何社か。ブルガリアにもスロベニアにも。至るところにあるわ。フランスにもスペインにも。どれも素晴らしい会社ばかりよ」

やっとのことでサバティーノをどう思っているかと尋ねると、オルガは答えを拒んだ。「ライバル会社については、何も言わないことにしてるの。いろいろと複雑だから。思うところはあるけど、口には出さないわ。ライバルたちはみんなウルバーニを悪く言うけど、勝手に言わせておけばいい。でも、私は絶対に、何があっても言わない。私だけじゃなくて、家族もそうよ。世の中には誰にとっても居場所がある。みんなが公正な商売をするよう願うしかないわ」

だが、この世界が誘惑や悪習と切っても切り離せないことは理解しているようだった。ウルバーニはイタリア中の何百人ものハンターや仲介業者と付き合いがあるが、近しい関係にあるのはそのうちのひと握りだ。オルガは言う。

「とても難しいわ。トリュフの世界では、誰もがいとも簡単に泥棒になるから。若い人が大金を手にすれば、2、3カ月もしないうちに間違いなく犯罪に手を出す。何よりも思いやりのある素朴な人を選ばないと。会社の役に立ちたい、一生懸命働きたいと思っている人を。ウルバーニの名と、トリュフの世界を心から信じている人を。そういう人はめったにいないけれど。つい昨日、1人雇ったの。じっくり観察して、この人なら大丈夫と判断したわ。

ある意味では、私は大勢の人生を台無しにしているんですもの。誰かを雇えば、その人を危険な状況に置くことになる。たくさんのお金が、現金が、ちょっと気を緩めただけで悪事に手を染める危険がいっぱいの世界に放り込むのよ。昨日の若者にはこう言ったわ。『あなたが私のお金を盗むのは簡単よ。でも、あなたがいつ盗むようになるか、私には簡単にわかる。あなたが必要だから当分は仕事をしてもらうわ。だけど、いつかクビにするかもしれないから覚悟しておいて。できるかぎり真面目に働いてほしい。そうすれば長く一緒にいられる。力を合わせて歩いていける。お互いに満足できる』って。でも、現実には難しい。このメッセージを理解してくれる人もいるけど、大金を目にして価値観がひっくり返ることもある。

そういう意味では、顧客にも人生を狂わせられるわね。だって、マドンナやオバマ大統領といった有名人や、ミシュランの三ツ星レストランにトリュフを売るのよ。目の前に大きな世界が開けるわ。もっとも、私にとっての大きな世界は、ずっと変わらずに私を愛してくれるトリュフハンターたちよ。セレブは、私のことなんか何とも思っていないもの。若い人ほど、そうした中身のない世界に魅了されがちだわ」

オルガは続ける。「私たち一家は人生を犠牲にしているの。もちろん、素晴らしい人生よ。不満なわけじゃない。ただ、私たちは人生をすっかり会社に捧げている。私生活と起業家としての生活には境目がなく、まったく同じ。働いて、生きている。両者を分けることはできないの。それで幸せなときもあれば、悲しいときもある。だって、自分の本当の人生がどういうものなのかがわからないから。ときどき自分に尋ねるわ。『本当の私は誰なの？』って……。ウルバーニ家の一員であることをやめたら、私は誰なの？　誰でもないわ」。オルガの声は小さくなっていた。

オルガにとって、トリュフを市場に届けることはアイデンティティなのだ。彼女は自ら設計した博物館の活動にとりわけ力を注いでいる。おそらく、家族の遺産の大切さを思い出させてくれるからに違いない。その証拠に、あるイタリアのメディアに対して次のように語っている。「自分の生まれを忘れずに成長していける人のために作りました。思い出の場所です。あらゆるものの中で最も素晴らしく、最も大切なもの。その根底には、過去への郷愁を未来に目を向けるための力に変える希望が秘められているのです」

だが、ウルバーニ一族の歴史には、トリュフ博物館に展示されていない汚点があった。オルガにとって、自身と簡単には切り離せない会社の歴史の一部分が。それは、会社の新たな革新者として、彼女が都合よく忘れることにした出来事でもある。

第10章
王の裏切り

１９８０年代初め、20歳そこそこのロザーリオ・サフィーナは、マンハッタンで広告業と直接販売業を始めようとしていた。広告業のほうでは顧客担当アシスタントとして、メリルリンチ、造幣局、ゲバリアコーヒー、ウィスコンシンチーズ、大人用おむつのディペンド社の資料を作成していた。長い黒髪をオールバックにしたサフィーナは、頭がよく饒舌で、正確な記憶力の持ち主だった。会社の仕事は退屈ではなかったが、早口で頭の回転が速いニューヨーカーには物足りなかった。そこで彼はサイドビジネスを探し始めた。やがて、貯めた金でイタリア食材とワインのカタログ（豪華なパンフレットのようなもの）を買い、それを見ているうちにアイデアを思いついた。そこにはパスタ、トマトの缶詰、ビスコッティなど、定番の食料品の広告が掲載されていた。彼は品数を増やし、「ロザーリオの食料品」と名づけて通信販売を始めた。

ある日、グルメ記事を読んでいて、トリュフについて書かれた記事が目に留まった。サフィーナは早速トリュフを商品に加えようとしたが、仕入先の高級食材輸入業者、リバティ・ラムジーでは常に在庫切れの状態だった。そこでラムジーのオーナーが、商品のラベルに記載されている人物に当たってみるよう彼に勧めた。ニュージャージー州プリンストン近郊に住むポール・ウルバーニという名の70代の男性だった。カルロの甥で、イタリアのウルバーニ・タルトゥーフィの代表を務めるパオロとブルーノの従兄弟だ。サフィーナが連絡してみると、ポールはアメリカ国内の流通業者の遅い仕事ぶりに不満を漏らした。その2年前の１９８１年以降、販売量は伸び悩んでいた。それどころか、ポールによると、流通の遅れのせいで売上高は３００％も落ち込んだ。「地下に山ほどあるから売ってあげよう」とポールは申し出た。

サフィーナはポールの地下貯蔵室から直接トリュフを仕入れるようになった。サフィーナにイタリア系アメリカ人青年の起業家精神を見いだしたポールは、彼をイタリアの家族に紹介したいと考えた。そして翌年、マンハッタンのニューヨーク・コロシアムで開かれた国際高級食材見本市で、当時50代前半だったパオロにサフィーナを引き合わせた。

ふたりはたちまち交流を深めた。パオロは、サフィーナの若さとトリュフに対する熱意が、苦心しているアメリカでの事業の起爆剤となることを期待した。一方のサフィーナは、パオロのやさしい笑顔と飾り気のない人柄に惹かれた。流通業者の問題とは別に、アメリカ市場での不振の原因はポールの年齢にもあった。そのせいで、１９４６年以来ひたすら努力してきた売上拡大に日々頭を悩ませるよりも、引退に心が傾き始めたのだ。パオロはサフィーナをポールの後任に指名することにした。

「ポールの仕事を引き継いでみる気はないか?」。すっかり習慣となった国際電話でパオロに尋ねられたとき、サフィーナは即答した。「もちろんです。数字を教えてください」。国内売上高の記録が送られてくると、サフィーナはアメリカ市場で同社の製品を扱うことに同意した。サフィーナは振り返る。「それがきっかけでした。僕はもう通信販売をやるつもりはなかった。広告業界からも足を洗って、自分の進むべき道を見つけたと思ったんです」。わずか2年の広告業を経て、サフィーナは25歳の若さで、独占販売権を持つウルバーニ・タルトゥーフィ社アメリカ事業の責任者となった。

パオロ・ウルバーニは、父親のカルロ・ウルバーニと同じく気取らない性格だった。ウンブリアの土壌が血の中に流れていたに違いない。高校は卒業していないが、勤勉で、きわめて洞察力が鋭かった。とても義理堅く、取引のあるハンターや仲介業者を含め、従業員を全力で守った。業界でも、スケッジーノの小さな町でも、熱心で謙虚な彼を尊敬しない者はいなかった。どんなに会社が成功しようと、どれだけ財産が増えようと、誰も自分のことなどは知るはずがないと思っていた。「政治家や、本当に本当に賢い人や、弁護士や、大物実業家に会っても、いつでも言うんです。『パオロ・ウルバーニです。ウルバーニ・タルトゥーフィ社を経営しています』って」

とサフィーナは語る。田舎出であることを強調するように、エリートには決まってゆっくり話して、流行りの言葉は使わないように頼んでいたが、彼をよく知る人は、あえて低俗なふりをしているのだと思っていた。おそらく、地位の高い人間がどう反応するのか、相手がただの男をどう扱うのかを見ようとしたのだろう。

サフィーナはすぐにそのことに気づいた。「彼はちっとも田舎者ではない。それどころか、とても頭のいい人間だった」。パオロは独学でフランス語を勉強し、フランスの仲介業者や会社との交渉術を学んだ。フランス人は彼の専門知識に驚いた。フランスの市場では、プランタンよりもコネや手段を有しているようだった。どんなに小さな市場でもトリュフの質を見極め、どのネゴシアン（仲介業者）が最も多く購入したのかも知っていた。パリのシェフに直接売っている仲介業者がいると聞けば、彼らを雇った。フランス市場に出回っているトリュフの40％を常に買い占め、小さなフランスの会社は質の悪い残り物しか手にできなかった。

また、フランスでトリュフの生産量が減少していると知ると、イタリアの黒トリュフを9倍の価格で買わせた上に、素晴らしい取引をしたと相手に思わせた。パオロの交渉力を目にして、サフィーナは驚きを隠せなかった。「保険の外交員になれますよ。何も描かれていない絵だって売れます。1枚の同じ絵を10人にね。まるでアンソニー・ロビンズ〔訳注：世界で最も有名な自己啓発トレーナー〕のようでした」。サフィーナは、腕利きのセールスマンに弟子入りする貴重なチャンスを手に入れたと感じた。

パオロは、一人娘のオルガとほぼ同い年のサフィーナを息子のようにかわいがり、サフィーナはパオロをビジネスのすべてを教えてくれる父親のように尊敬した。「本当に心から敬愛の念を抱いていました」とサフィーナは語る。当時、彼は兄のアンドリューとふたりでビジネスを切り盛りしていた。「私にとっては、ふたりとも息子同然だ」。パオロは折に触れてそう言った。

その家族のような関係は、単なるビジネス上の結びつきとは比べ物にならなかった。「あれほど世話好きで親切な人には会ったことがなかった」とサフィーナは言う。彼がウルバーニで働き始めて間もない頃、パオロからイタリア語を本格的に勉強してほしいと頼まれた。当時はそこそこしゃべれる程度だった。「そうしたら、私たちはもっといい友人同士になれるし、お互いをもっとよく理解できる」と言われ、サフィーナはうなずいた。パオロは提案した。「6週間休みを取らないか？　夏は閑散期だから、仕事はアンドリューに任せればいい。私が費用を出す。きみはイタリア語の勉強に専念するんだ」。素晴らしい申し出だったが、イタリアで勉強する間に滞在する場所がなかった。パオロは「心配いらない」と言って、サフィーナはペルージャにあるオルガのアパートメントに泊まることになった。彼女は大学を卒業し、もうそこには住んでいなかったのだ。サフィーナが到着すると、パオロは食費として週に500リラ（2002年までのイタリアの通貨単位）を送り始めた。「アパートメントで料理はしてほしくないんだ。火事を起こすと大変だからね。毎日、外で食べれてくれ」

ほどなく、当時20代だったオルガやジャンルーカ（パオロとブルーノの甥で、やはり同年代）

と意気投合した。「僕たちは一緒に育ったんだ」とジャンルーカ。若い3人はイタリアのあちこちを旅して、ローマで楽しく遊んだ。サフィーナはたくさんのオルガの友人と知り合い、のちに彼女の夫とも親しくなった。「オルガとジャンルーカと僕で、三銃士気取りだった。本当に楽しい時間でした」とサフィーナは話してくれた。

サフィーナ兄弟が商品の支払いに遅れても、パオロは心配しなくてもいいと言い、負債が増えることにも目をつぶった。サフィーナが借金を返し、アメリカでのブランド普及に貢献してくれると信じていたのだ。パオロは言い聞かせた。「ビジネスを大きくしてほしい。きみたちに大きくなってほしいんだ。金は利益を出したときに払ってくれ」。イタリアから信用取引の保証を得たサフィーナはビジネスを拡大し、西海岸で販売員を雇うことができた。ウルバーニＵＳＡの発展に伴い、サフィーナの毎月の電話料金は５００ドルにまで達した。そのほとんどは、パオロにかける国際電話だった。仕事の話もしたが、大部分は「ただのくだらない話」をしていた。

パオロはサフィーナを休暇にも同伴した。パオロとガールフレンドのティナが楽しんで過ごそうと決めた場所にはどこでも。北東の海岸沿いのリゾート地、リッチョーネが彼らのお気に入りだった。「ふたりとも60代なのに、心の底から愛し合っているのがわかりました。実の息子のように僕に接してくれました。本当に、本当にいい人たちです。本当に、本当に僕によくしてくれた。一生忘れません」とサフィーナは振り返る。

素直な息子がそうするように、サフィーナも結婚を考えている女性をパオロに紹介した。パオロは喜んで、すぐにプロポーズするよう促した。彼女に振られると、サフィーナは絶望のどん底に突き落とされた。そのときパオロはドイツのケルンで開かれていた食品見本市に参加していたが、サフィーナから電話があると、すぐに飛行機のチケットを買って次の便でケルンに来るよう言った。「チケットの代金は会ったときに渡す。私のベッドを使ってくれ。私はソファで寝るから。苦しんでいるきみを放ってはいけない。いますぐ飛行機に乗るんだ。一緒に見本市を見て回ろう」あとでわかったことだが、パオロはサフィーナの彼女に電話をかけて、考え直すよう頼んだという。「あなたは大きな間違いを犯している。彼はいつか必ず大物になる。保証するよ。この私と一緒にいるんだ。私は負け犬など寄せつけたりしない」

毎年2～4回、サフィーナは田舎町スケッジーノ近郊にあるウルバーニの本社を訪ねた。パオロはいつも最高の食事とワインで彼をもてなした。パオロ自身は一切ワインを口にしなかったが。サフィーナは、パオロとブルーノが大事にしている地域社会や家族の素晴らしさを肌で味わった。毎朝、スケッジーノの同じカフェで皆が挨拶を交わす。午後3時には、倉庫で働く人が一斉に休憩を取り、新鮮な空気とエスプレッソを楽しむ。サフィーナ兄弟が倉庫から谷間の道を通って2キロほど離れた町へ向かうときには、ほどなく通りがかりの車が停まり、乗っていくよう声がかかった。

１９８０年から１９９０年代にかけて、パオロやブルーノをはじめ会社の上層部は、アメリカ人の求める商品について、サフィーナの洞察力を頼りにしていた。

１９８６年のある日のこと、サフィーナはパオロに電話で報告した。「大変です。困ったことになりました。トリュフオイルなるものが出回っているんです」。パオロは知っていると答えた。「心配いらない。直に飽きられるだろう。そんなものは誰も欲しくない」。だが、１年が過ぎても何も変わらなかった。シェフたちはひっきりなしに電話をかけてきて、サフィーナにトリュフオイルを取り扱ってほしいと訴えた。

サフィーナは、他のイタリア企業はすでに扱っていると説明して、ついにパオロを説得することに成功した。そして、トリュフバターやトリュフカルパッチョなど、アメリカ人の好むものを次々と考え出すと、寸暇を惜しんで新製品をフレッシュトリュフとともに大々的に売り込んだ。１９９０年代初めには、ウルバーニの名は、トリュフ料理を提供するほぼすべてのアメリカのレストランに知れ渡っていた。ウルバーニはアメリカで最も古い歴史を誇るトリュフ会社であり、そこと取引をすることは、最高級の食材と最高レベルのサービスとともにやってきた由緒正しいウンブリア一族の遺産を受け入れることでもあった。サフィーナはポールが苦労していたことをやり遂げた。ウルバーニの商品をマンハッタンの一部の美食家から幅広い層に浸透させたのだ。「彼らはアメリカを征服しようとしていた。そして、僕たちは見事に征服したんです」

ところが、パオロが慎重に築き上げたイメージが徐々に崩れ始めた。1994年ごろのことだった。サフィーナはウルバーニの黒冬トリュフがどこか変だと気づいたが、はっきりとは説明できなかった。毎週イタリアからニューヨークに届く70～80キロのフレッシュトリュフから、あの、えも言われぬ香りがしないことが何度かあった。それどころか、サフィーナがテーブルに顔を近づけて嗅いでみても、何のにおいもしないのだ。それと同時に、本国からの黒冬トリュフの出荷量がどんどん増えていることにも気づいた。どういうわけか、ハンターの採集量が飛躍的に増加したらしいのだ。サフィーナはパオロに電話で問い合わせた。

「まったく香りがありません」とサフィーナは訴えた。理由を知りたかったからだ。だが、パオロも肩をすくめるばかりだった。「テロワールによって、とても香りが強いシーズンもあれば、あまり香りがしない年もある。私にもよくわからないよ。何しろ大量に購入するから、ひとつずつチェックするわけにもいかない」。サフィーナはパオロを信じた。

「彼らの言葉を鵜呑みにしたんです。誰も文句を言う人はいなかった……イタリア中部の土壌と同じ、赤い土がついていたから」。彼は私にそう打ち明けた。

サフィーナは知らなかったが、彼がその香りの変化に気づくずっと以前に、パオロはフランス人から魅力的な申し出を受けていた。中国の四川省やチベット高原の森の奥深くで、フランスの食材メーカーのためにアミガサダケを採集していたハンターが、地面のそれほど深くないところで、見慣れないキノコを2つ見つけた。それを見せられた食材メーカーは、トリュフだと気づいてフランスのトリュフ業者に知らせた。

かねてフランスにラブコールを送っていたパオロの努力がようやく実った。当時ウルバーニから大量の商品を購入していた業者はパオロに連絡し、サプライチェーンにとって幸運かつ奇跡としか思えないことを報告した。フランスやイタリアの黒冬トリュフ（Tuber melanosporum）に瓜ふたつの黒トリュフ（Tuber himalayensisとTuber indicum）が大量に見つかったのだ。しかも、卸売価格は4分の1（35～30ドル）か、それ以下だった。どこも壊れていない紙幣印刷機が路地に捨てられているのを見つけたようなものだ。新たなドル紙幣を作るのは完全な違法行為だが、欲に駆られた人間にとっては抗いがたい。問題は、中国のトリュフには黒冬トリュフの特徴である森のようなチョコレートの香りがなく、また熊手で掘り出すため、未熟でまったく風味のないものが多いということだった。それでも、願ってもいないチャンスに、パオロと業者は「大がかりな計画」を企てた。ふたりで協力して、1トン単位での輸入を引き受けるドイツの仲介会社を見つけ、トラックに積み込み、フランス経由でイタリアに運んで、ウルバーニの倉庫に納めた。なかには、直接フランスからイタリアに運ばれるものもあった。

サフィーナは振り返る。「僕を騙して、さらに甥を騙すという2段階の計画でした。この上なく慎重に事を運んだんです」。最初パオロは、300グラムの新たな商品に本物の黒トリュフを700グラム混ぜるよう指示した。そうすれば中国産トリュフが香りを吸収し、玉石混交で大幅な増収となる。だが結果的に、パオロは本物の量をさらに（200グラムほどに）減らすことにした。そして最後には、出荷する商品に含まれる本物の黒トリュフの数はゼロとなった。隠蔽するために、パオロはウルバーニが製造を始めたトリュフオイルに用いる合成香料を塗布させた。色の薄い茶色がかった中国産トリュフは、黒い食用着色料で染めてからウルバーニの缶に詰められた。

この期間に出荷された商品には、疑わしいものが含まれていたものの、決定的な証拠はなかった。「顕微鏡を使うか、あるいは真菌学者でもないかぎり、正確に判定することはきわめて難しい」。自分でも気づかないうちに、サフィーナは史上最大規模のトリュフ偽装事件の共犯者となっていた。

この間、アメリカの多くの高級レストランで提供された黒冬トリュフ料理、とりわけウルバーニの缶詰が使われたものは、偽の中国産トリュフがふんだんに盛りつけられていた可能性がある。ニューヨークのキッチンが自分たちの買っているヨーロッパ産トリュフの異変に気づいたのは、1995年の冬のことだった。その年の2月、ニューヨーク・タイムズ紙のフードジャーナリスト、フローレンス・ファブリカントが、ニューヨーク周辺の洒落たレストランのシェフは、フランス産の袋に混ぜられた中国産トリュフに「攻撃」されていると書いた。三ツ星レストラン〈ダニエル〉の当時のオーナーシェフ、ダニエル・ブリューが、ファブリカントに語っている。「クリスマスの直後に届き始めたトリュフは、最初は熟しすぎているのかと思った。かなり色が濃くて、マーブル模様はほとんどなかった。ベンゼンのにおいがして、味は段ボールのようだった。しばらくして中国産トリュフの噂が耳に入ってきた」。その頃ブリューは、黒トリュフを添えたホタテの前菜を21ドルでメニューに載せていた。黒トリュフを削ったサラダまたはベイクドポテトは35～40ドル。ヨーロッパ産黒トリュフの値段は「500グラム当たり約400ドル」で、同量の中国産は100ドル前後だった。取引のある4社のうち、どの仕入先が偽トリュフを提供したのか、ブリューはファブリカントに語ろうとはしなかった。ファブリカントが話を聞いた別のシェフは、「中国産トリュフだと明示せずに提供することを、アメリカのヘラチョウザメのキャビアをロシア産セブルーガとして売ることになぞらえた」。ファブリカントは記事の中で、バルドウッチ、ディーン&デルーカ、ウルバーニ・タルトゥーフィのフレッシュ黒トリュフを試したが、いずれも中国産の偽物は含まれていないようだったと記している。

当時、誰ひとり知らなかったのは、ウルバーニの飛躍的な成長の要因が、パオロのマーケティングや営業の才能だけではなかったことだ。どんな人をも魅了する彼の類まれな能力のおかげで、前代未聞の大がかりな偽装は誰も疑うことなく、その後、長きにわたって業界を悩ませることになる。

ウルバーニのアメリカ事業が成長を続ける間に、サフィーナが新たに雇ったスタッフのひとりが、ロベルト・サラチーノというウルバーニの顧客だった。ボストンのきらびやかな〈アルマーニ・カフェ〉で腕を振るっていたトリノ生まれのシェフだ（1994年の雑誌ベスト・オブ・ボストンで、「屋外のランチを高尚な芸術に高めたレストラン」と評された）。サラチーノはカリフォルニアへ戻ることを決意し、1997年初めにウルバーニのロサンゼルス事務所でサフィーナの兄アンドリューの下、営業の仕事を始めた。営業先はピエロ・セルバッジョの〈バレンティノ〉や〈マデオ〉をはじめ、ロサンゼルスじゅうのセレブ御用達のイタリア料理店。さらに、娯楽の殿堂ラスベガスにも定期的にトリュフを届けた。ベラージオ・ホテル＆カジノの〈ル・シルク〉や〈チルコ〉、ジュリアン・セッラーノの〈ピカソ〉などだ。当時、ベラージオ内のレストラン2軒は毎週のように「冬トリュフピーリング」2～3ケースを現在の価格で1万1000ドル以上で購入していた。何もしないでも、商品は勝手に売れるようだった。

国際的なビジネスも好調だった。これは、サフィーナのチームがアメリカでのブランド確立に奔走したことが大きい。この頃には、冷凍製品や缶詰の国際市場への輸出によって、かつてのワンマン事業所は数百万ドルの帝国となっていた。イタリア版ビジネスウィークとも言うべきパノラマ誌では、パオロ・ウルバーニが表紙を飾ると同時に、マン・オブ・ザ・イヤーに選ばれた。しかし1997年には、ウルバーニのトリュフの輸出量が記録的に伸びる裏で、イタリアのトリュフハンターは例年と変わらないシーズンを過ごしていた。会社の拡大は、根本的にウンブリアの商品とは無関係である可能性が高かった。

パノラマが発売されると同時に、会社には不穏な空気が流れた。本社の人間は、知名度が上がれば監視の目も強まるということを知っていた。パノラマは、イタリアのエリートビジネスマンのデスク、そして彼らを捜査する人間、つまり財務警察の捜査官のデスクにも置かれる類の雑誌だった。「彼らは自分のデスクに置いてある雑誌を見て、行動を起こします。『この男は税金を納めているはずがない』と。それが彼らの口癖です。イタリア社会が抱えているその問題を心から憂いているからです」とサフィーナが説明する。

1998年冬、パオロの表紙が売店に並んでからほどなくして、国家憲兵隊の食品・保健衛生司令部NASが財務警察と連携し、スケッジーノにあるウルバーニ・タルトゥーフィの倉庫を強制捜索した。捜索には県警も立ち合い、防弾チョッキを着た警察官が黒い車でサイレンを轟かせて駆けつけた。その結果、1キロ当たりわずか20ドルで購入された業務用中国産トリュフ47トンが見つかった（フランス全土の年間生産量が約30トンで、当時のアメリカでは、ヨーロッパ産黒トリュフは1キロ当たり400ドル前後で売られていた）。

パオロ・ウルバーニとブルーノ・ウルバーニが取り調べを受けた。サフィーナは、NASの捜査によって、この計画について初めて知ることとなった。ようやくパオロに連絡がつき、どういうことなのかと尋ねると、彼は実直な田舎者を装い、あくまで自分のせいではないと言い張った。「あれはフランスから買っていたんだ。仲介業者を信用していた。田舎育ちの私には違いなどわからない。彼とは昔から取引をしていた」

　そして、こう付け加えた。「心配するな。罰金を支払わなければならないのなら、ちゃんと支払う。もう二度とこんなことはしない。悪かった。こういったことは目を配るのがとても難しい。だが、きちんとしよう。何らかのダメージがあれば、それは私の責任だ」。サフィーナはそれ以上、問いつめなかった。それどころか、そのときはパオロが真実を述べていると「100%」信じていた。どんな約束も必ず守る男だったからだ。「それに、わからないでしょう？　事実は誰も知らない。ひょっとしたら、彼は本当のことを言っていたのかもしれない。あるいはでっち上げだったか。僕にはわかりません」。ずっと愛情と協力を惜しまなかったパオロに対して、サフィーナは問いただす立場にはなかった。「僕はいい息子でしたから」と彼はきっぱりと言った。

　ヨーロッパはもとより、ニューヨーク・ポストなどのアメリカの新聞にも大きな見出しが躍ると、アメリカでの事業にも影響が出た。サフィーナは資金繰りに苦労するようになり、イタリアの本社との取引に不信感を募らせた。「僕たちはこっちで事業を軌道に乗せようと努力しているのに、彼らは向こうで問題を起こしているんです」

　一方、ロサンゼルスではサラチーノが、黒冬トリュフのラベルが貼られた200ドルの中国産トリュフの缶詰を西海岸じゅうのレストランに納入していたが、サフィーナと同じく、彼も自分が売り歩いている商品が本物だと信じていた。サラチーノは言う。「買い付けは私の担当ではなかった。私の仕事は売ることだけだ。大儲けをするために売っていたんだ。いまなら15～20ドル程度のものを……違いはわからなかった」。実際サラチーノは、摘発されるまで中国産トリュフの存在さえ知らなかった。あまりに大胆な偽装に、彼は信じられないといった口調で語った。「驚いたよ。まったく価値のないものと引き換えに、あれだけの利益をあげるなんて。その金は誰かの懐に入っていたんだ」。仮に47トンすべてを表示を偽って売ったとすれば、1800万ドルもの不正利益となっていただろう。そして、それ以前のシーズンにどれだけ出荷されていたかは、いまとなっては誰にもわからない。

偽装表示が世間を騒がせてから数カ月後、サラチーノはサフィーナともウルバーニ一族とも別れを告げ、自身でリエゾン・ウエストという食品輸入ビジネスを立ち上げた。そして、新たな仕入先となったマルケ州のトリベッツリ・タルトゥーフィ社を定期的に訪問し、顧客に提供するための質の高い商品が出荷されていることを確認するようにした。サラチーノは言う。「顔を合わせれば直感的にわかるだろう、相手が正直な人間かどうか。ウルバーニの倉庫に中国産トリュフが山積みだったことがきっかけかどうかはわからない。金のことしか頭にない連中は、週に15キロもの白トリュフを買っている。だが、私は危険を冒したくなかった。箱を開けてみたら、半分は売れないものだったなんてことはごめんだからね」

だが実際には、ウルバーニの評判はそれ以前から漏れ聞こえていたようだった。トリベッツリはウルバーニが中国産トリュフを売っていたことを「しばらく前から」知っていたと証言している。

「過去の関係を断ち切って改めて市場を見てみると、市場に出ている本物を見てみると、自分の目で見たものを考え合わせればわかるものだ……この仕事でそんな大金を手にできるはずがないと。正直にやっていれば、自分の取り分は10～15％程度だから、大金持ちになんかなれるはずがない。だが、そういったことに手を染めれば、ずっと簡単だ」

２００１年には、サラチーノの輸入ビジネスは西海岸のトリュフ流通市場に大きく食い込み、あのオルガ・ウルバーニが直々に電話をかけてくるほどにまで成長した。サラチーノは代理店として仕事をした関係ではあったが、それまで彼女とは顔を合わせたことも話したこともなかった。「あなたが重要な販売業者だということは聞いています。それで、カバリエーレがぜひとも会いたがっているの」。オルガは父パオロを敬称で呼ぶにとどめた（騎士を意味するカバリエーレは「階級のようなもので、功績をあげた人はカバリエールになれる。昔はよくそうした勲章をもらったものさ」とサラチーノが教えてくれた）。「空港まで来ていただければ、お迎えにあがって、城までお連れしますわ」とオルガは言った。

商品が増えれば利益が増えるとわかっていたので、最初、サラチーノは会うことに同意した。だが、イタリアへ向かう途中のトランジットで出発を待つ間に、ウルバーニのかつての不法行為についてよく考えてみた。そして、約束をキャンセルすることにした。サラチーノは電話でオルガに伝えた。「誰にも会うつもりはありません。いまの（取引）関係だけで満足しているので。御社の発展を祈っています」

それから数年後、サラチーノのもとに再びウルバーニから電話がかかってきた。今度は男性からで、より具体的な用件だった。西海岸でウルバーニの商品を売ってほしいという。サラチーノは断った。「せっかくですが、御社から買うことに興味はありません。買いたくないんです」

「なぜですか？」

「信用していないからです。ですから買うつもりはありません」

サラチーノはきっぱりと答えた。それを聞いた男性は、脅しめいた文句を口にした。「そういうことなら、あなたから顧客をすべて奪うのも時間の問題ですよ」

「結構です。アメリカは大きな国ですから、誰にでもチャンスはあります。どうぞお好きなように」

サラチーノは男の強引な態度に驚いて電話を切った。

サフィーナが休暇で借りたグレナディーン諸島マスティク島の別荘に近づくと、ドアにメモが貼られていることに気づいた。朝から家族や友人たちと熱帯ビーチで過ごし、帰ってきたところだった。メモは風にはためいていた。２００1年3月、ウルバーニの中国産トリュフ事件が世間を揺るがせてから数年が経っていた。仕事は思うようにいかず、やっとのことで取れた休みだった。売上が減少するなか、どうにか資金を工面していた彼は、藁にもすがりたい心境だった。だが、見つけたのは予想に反してインクの走り書きだった。しかも、仕事のことを忘れるためにやってきた場所で。

「ウルバーニが逮捕されました。フローレンス・ファブリカントまで連絡をください」とある。ニューヨーク・タイムズの記者だった。「何てことだ。一体、今度は何をやらかしたんだ?」。サフィーナは悪態をついた。

ウルバーニ兄弟がなぜ逮捕されたのか見当もつかず、彼はパニックになり始めた。妻になだめられて、ようやくファブリカントのメッセージに目を戻す。「落ち着いて。とにかく電話して、正直に言えばいいのよ。今回のことは何も知らないって」。サフィーナは電話を取って番号を押した。「彼らが逮捕されたのは知っていましたか?」と記者が尋ねた。いまは休暇中で、あなたのメッセージで初めて知ったと答える。

トリュフの購入で多額の付加価値税の未納があるとして、ついに財務警察がウルバーニ兄弟の身柄を拘束したのだ。「寝耳に水でした」とサフィーナは私に語った。トリュフに他の農産物よりも高い税率が適用されるのはおかしい、というパオロとブルーノの意見には同意していたが、彼らが自分たちの信念を忠実に実行していたことには気づかなかった。あるいは、その信念が脱税に置き換わっていたことに。

ファブリカントとの電話を切ると、サフィーナはパオロに連絡した。パオロが電話に出た。「心配いらない。いまは家にいる。足首にGPSをつけられた。刑務所行きは免れる。ブルーノもだ。

あとは財務上の問題になる。収支報告書を残らず開示させられた」

数日後、サフィーナはスケッジーノの本社で「一体、何が起きているのか」を確かめるためにイタリア行きの飛行機に乗った。足首にGPS監視装置をつけたパオロが、自身の城の入口で出迎えた。彼の説明では、ウルバーニ・タルトゥーフィ（年間売上高は約１８００万ドル）は９００万ドルの追徴課税および罰金を支払わなければならず、顧客に対して早急に支払いを要請しているという。

その後オフィスをのぞいてみると、大勢の財務警察の捜査官がデスクを引っかき回し、書類を箱に詰め、パソコンをサーバーに接続していた。捜査の結果、会社が正式に購入して申告を行ったトリュフの量に比較して、倉庫の棚に保管されている缶詰および加工品が多すぎることが判明した。サフィーナは言う。「そのトリュフはどこかから手に入れたわけですよね？　倉庫の地面の下から突然現われるはずはないですから。問題はそこです。１７００万ユーロの在庫があるのに、帳簿では、購入したフレッシュトリュフの大部分をそのまま売ったことになっている。缶詰はどうやって作るんですか？　瓶詰は？　ペーストはどうやって作るんですか？」

サフィーナは偽装の大方の手口を理解していた。他の多くの販売業者が同じ方法を用いていることを耳にしていたからだ。ハンターが採集したトリュフを持ち込むと、業者は現金で支払い、税務署には購入量を記した自己請求書を提出する。しかし取引の電子記録は存在せず、業者は１

回の購入に対して22％の税を支払うため、実際に購入した量の半分や4分の1、あるいはそれ以下で申告することも可能だ。サフィーナは説明する。「（請求書を）1枚書くときもあれば、書かないときもあります。1枚書いて、2枚書かない。2枚書いて、3枚書かないときも」。フレッシュトリュフは数日内に取引されるため、証拠が残りにくい。だが、大手企業のウルバーニは大量のオイルやソースなどの加工品を製造していた。それらは長期間倉庫に保管されるため、家宅捜索で簡単に発見される。帳簿の矛盾は明白だった。

サフィーナは、パオロの言い分もある程度は理解できた。彼はすべての従業員の面倒を見て、雇用を保障しなければならないと考えている。スケッジーノの従業員の離職率はかなり低い。20年や30年務めている者もざらだ。町全体がウルバーニに雇われていると言っても過言ではない。パオロは地域社会に対して責任を感じていた。「70年代のデトロイトと同じです。終身雇用だった頃の」とサフィーナは言う。そう考えると、政府の課す22％もの税は必要以上に重い負担だ。納税によって、生産ラインで雇える従業員数が減るのだ。ある意味では、脱税は義侠心に駆られた行動と言える。中国産トリュフの偽装に比べれば衝撃は少ない。だが、資金繰りに苦労しているサフィーナにとっては、むしろ頭を抱える問題だった。

ほどなく、事態はますます深刻になった。その年の9月、ニューヨークの世界貿易センタービルが崩壊すると、それとともにサフィーナの最大の顧客も失われた。北棟の最上階に入っていた〈ウィンドウズ・オン・ザ・ワールド〉のトリュフ製品の購入額は、年間およそ80万～100

万ドルだった。その穴を埋めるのは容易ではなかった。復興に全力を注ぐマンハッタンでは、トリュフは無駄な出費と見なされた。

だが、9・11同時多発テロ事件以降の危機的な財政状況にもかかわらず、サフィーナは少しずつウルバーニに借金を返済し始めた。「苦難の連続でした」と彼は振り返る。切迫した事態のなかで、サフィーナはウルバーニの要求するスケジュールに応えられないことに気づき始めた。追い打ちをかけたのが、イタリアの全国紙コッリエーレ・デッラ・セーラの記事だった。ウルバーニ兄弟が請求書の改竄に利用していたペーパーカンパニーと、犯罪組織カモッラとのつながりが指摘されたのだ。

サフィーナは、初めて会社の高潔性に疑問を抱くようになった。きっかけは、パオロとブルーノが、当時年収3万5000ドル程度の営業マンに過ぎなかった甥のジャンルーカをスケープゴートに仕立て上げたことだった。脱税は彼が単独で計画、実行したことだと公に口にしたのだ。ジャンルーカが認めれば、4年の懲役で罰金は減額される。だが、彼は叔父たちの頼みに尻込みし、ごく平凡な若者であることを印象づけた。かわいそうな叔父が刑務所行きになっても構わないのかと泣きつかれても、やっていないものはやっていないと言って拒んだ。

ふたりは甥の反抗的な態度に不満だった。そして、ジャンルーカが怒って家族のもとを去ると、彼は薬物依存症で、もう信用できないという作り話をでっち上げ、社内に流した。実際にはジャンルーカはエストニア人モデルと結婚し、しばらくは彼女の祖国で暮らしていた。決して過去は振り返らなかった（現在も、親族との決別の印として、トリュフはライバルであるミラノの高級食材チェーン店で購入している）。

一方、サフィーナの取引銀行であるＵＳバンクは、彼がイタリアで税務調査を受けている会社から商品を購入していることを発見し、融資を停止した。これにより、サフィーナの資金繰りは一層窮地に陥った。

支払いの遅滞も時間の問題だと気づいたウルバーニは、サフィーナをイタリアに呼びつけた。会議室に入り、ペンシルベニア州から来たという面識のないアメリカ人のウルバーニ家の３人がテーブルに座っているのを見て、サフィーナはただ事ではないと感じた。それまでアメリカで関わったことがあるのはポール・ウルバーニだけで、彼からは、アメリカの事業を引き継ぐ血筋はいないと聞いていた。サフィーナはそのときの状況をこう話した。「どうも雲行きが怪しいぞ、と思いました。パオロもその場にいましたが、機嫌がよくない様子で、ひと言もしゃべりませんでした。話したのはもっぱらオルガです」。会社は現金を必要としているが、サフィーナには支払えない、今後は一族だけでビジネスを続けたい、とオルガは説明した。そのときには取締役となり、サフィーナの独占販売契約を解除すると決めたのも彼女だった。「パオロのことはちっとも恨んでいません。僕を除外する方向に舵を切ったのはオルガだった。パオロを悪く言うことはできません。あの笑顔ですべてが許されるんです」。サフィーナはそう語った。

両者の交渉はさらに長引き、最終的にウルバーニ・タルトゥーフィは、サフィーナのウルバーニ・トリュフに対して民事訴訟を起こし、負債の回収と商標の使用停止を求めた。２００３年4月、ポール・ウルバーニに運命的な電話をかけてから20年の時を経て、サフィーナは連邦裁判所でウルバーニとの和解を迫られた。

和解が成立すると、オルガは例のごとく大げさな口調でグルメ・ニュース誌に語った。「ロザーリオと、ここまで深刻な事態になることは望んでいなかったけれど、彼の『理解しがたい』行動のせいで、そうせざるをえなかった。私の家族は彼を息子同然に扱っていたのに、長い間、出荷に対して支払いをせず、不正競争を仕掛けてきたんですもの。私にとっては兄のような存在で、ずっと素晴らしい関係を築いてきたのに……人生は、時に信じられないようなことが起きるわ」。会社による個別の声明で、オルガは「ロザーリオがウルバーニの商標に固執するのは、その商標と、わが一族の誇らしい伝統がトリュフと切っても切れないものだからです」と述べている。アメリカの事業は、イタリアでの会議に出席していた親族のひとり、リー・ウルバーニに引き継がれた。税金の件でもウルバーニはイタリア政府と和解し、法的責任を問われることもなかった。

サフィーナにとっては、パオロへの愛情は忘れがたいようだった。「ひとつだけ言わせてもらえば、彼らとの経験は素晴らしいものでした。あの文化の一員となれて、本当によかったと思っています。結局、ビジネスはあくまでビジネスでしたが。彼らはやるべきことをやった。僕もやるべきことをやった。それだけです。彼らの一連の駆け引きも、プレスリリースも、兄弟同然の従兄弟に対する中傷も、すべて僕にとっては納得がいかない。誰だってそうした人生の決断はしますが、いずれ自分の身に降りかかるものです」

ウルバーニ騒動でおそらく最もばかげていたのは、2012年、CBSの「60ミニッツ」でレスリー・ストールのインタビューに答えるオルガ・ウルバーニの被害者意識の強い口調だろう。

ウルバーニ：冬トリュフの価格は500グラム当たり500ドル。一方で、中国産は10～15ドル。となると、よからぬことを考える人がいて、両方を混ぜるのよ。中国産は3割、ヨーロッパ産は7割といった具合に……。

ストール：それで気づかれないと？

（ナレーション：ある日、私たちがウルバーニの工場を訪ねてみると、その日購入されたものの中にたくさんの中国産トリュフが紛れ込んでいるのが見つかり、マークのついた赤いかごに選り分けられていました。フランスやイタリアの上質のトリュフに混入する中国産トリュフの数は、次第に増えつつあります。専門家によると、コカインに小麦粉を混ぜるのと同じだということです）

ストール：でも、あなたのところの農家か仲介業者が混ぜているんですよ。
ウルバーニ：そうです。
ストール：つまり、警戒すべきは中国人ではなく身内だということになりますね。
ウルバーニ：ええ、わかっています。
（中略）
ウルバーニ：本当に腹立たしいです。そのせいでトリュフの伝統が台無しになってしまうんですから。人生を棒に振るようなものです。信じられない。

言うまでもなく、オルガ・ウルバーニとCBSが触れなかったことがある。最初にウルバーニの倉庫に中国産トリュフを持ち込んだのは、農家でもハンターでも仲介業者でもなく、彼女自身の父親だったということだ。その番組を見て、ロベルト・サラチーノは他の大勢と同じく憤慨した。「嘘に決まっている。イタリアでは中国産トリュフは禁止されているんだ。そもそもイタリアにはない中国のトリュフを採ることは不可能だ。なのに、ハンターが持ち込んだ？　どうやって？　業者の仕業だとしたら、その方法は私には理解できない」

欠陥を隠す、重さを増やす、さらには未熟のトリュフを混ぜるといったことは、これまでにも多くのハンターが試みてきた。いずれも癪に障る些細なズルで、会社側は不利益を被るが、消費者にまで影響が及ぶことはほとんどない。だが、ウルバーニ一族が訴えられたような大がかりな産地や品種の偽装は、会社が当てにしている個々のハンターの仕業ではない。その種の問題には組織力や資本が必要となる。ビジネス基盤が必要となる。「会社の敷地内で大量の中国産トリュフが発見されたものの、彼らは依然として商売を続けています。買い手を見つけようとしている。相変わらずトリュフ業界の王者なんです。きっと法の網をくぐり抜けるでしょう」とサフィーナは指摘する。

サバティーノ社のフェデリーコ・バレストラは、この番組を放送後にオンラインで見た。私が最初に感想を尋ねたとき、彼は次の質問に移るよう促した。だが、一瞬怒りを見せたあとで、その話題に戻った。「見事だよ」と皮肉たっぷりな口調だ。CBSをはじめ、オルガや彼女の言葉を鵜呑みにする者のいることが信じられないという。業界内では、CBSが犯人を〝特定〟したことがもっぱら話題となっていた。「面白い冗談だ。真実を知っていれば、どういうことかわかるさ」。偽善だ、と言い捨てて、バレストラは酒を煽った。

プランタン社のクリストフ・ポロンは、いかにもテレビ向けに用意された中国産トリュフを入れる赤いかごを、共産主義国にぴったりだと言って面白がっていた。私がウルバーニの倉庫を訪ねたときには、どこにも見当たらなかった。「そういうことにしておこうじゃないか。ウルバーニが良い会社か悪い会社かは何とも言えない。自分の知らないことについては、何も言いたくないんだ。噂はいろいろ耳にするが、誇張されていることもあるからね」。だがポロンは、番組放送後に皆が笑っていたことを覚えていた。そして、あれほど高尚な報道番組がウルバーニの主張を真に受けたことに驚いていた。私が帰り際に荷物をまとめていると、ＣＢＳの情報源について、さらに厳しく批判した。「マフィアのボスと犯罪について話すようなものだ」

オルガ・ウルバーニと会った際、彼女は会社が中国産トリュフ偽装の疑いをかけられたことを認めたが、業界最大手であるために標的にされただけだと言い張った。「もちろん、スキャンダルがあれば、みんな捨ててはおけないでしょ。でも、私たちはとても冷静だった。自分たちのしていることはわかっているもの。１年後に、わが社の製品がすべて検査されて、何も交ざっていないことが証明されたわ」

彼女の説明によると、アメリカの消費者向けに売られていた中国産トリュフは、ラベルにきちんと「Tuber himalayensis」と表示されていたという。だが、当時ウルバーニの商品を扱っていた小売店のオーナーは、缶には「黒冬トリュフ」のラベルが貼られ、原材料名に小さく正式名が記されていただけだと口をそろえる。その頃のアメリカでは、中国産トリュフの学名など誰ひとり知らなかっただろう。オルガは言った。「いまは中国産のトリュフは取り扱っていないわ。輸入がとても難しいから、もうすっかり忘れたの」。輸入が難しいのは、国内での販売が法律で禁じられているからだ。その法律の廃止を求めて、裏でウルバーニが積極的にロビー活動を行っているという噂もある。

アブルッツォ州でトリュフ関連の犯罪を担当する森林警備隊のカルロ・コンソーレは、中国産トリュフの問題は、いまだ真の解決に至っていないと確信しているようだった。企業は、より巧妙な偽装方法を発見した。トリュフクリームやオイルなど、イタリアで生産される加工食品の多くには、依然として中国産トリュフが使用されている、とコンソーレは断言した。単純に計算しても、大手メーカーが国際市場に輸出しているトリュフ製品の数を維持できるほど、イタリア国内の採集量は多くなかった。「ホールのトリュフなら品種がわかる。だが、加工品は信じるしかない。作る側の良心を」

中国産トリュフは、他の製品とともに大型コンテナに積み込まれ、イタリア各地の港から入ってくるとコンソーレは考えている。そして、通関手続きにはイタリア人仲介者の協力が欠かせない。コンソーレは言う。「ウルバーニがトリュフ帝国を築いたのは間違いない。彼らの先見の明によって、ウンブリア産トリュフのブランドが確立された。それはあの一族の功績だ。問題は、あれだけ大量の製品のために、おそらく世界中のトリュフをかき集めていることだ……すべてをウンブリア産のトリュフで作ろうとしたら、何トンあっても足りないだろう」

ウルバーニのようなトリュフ会社が中国産トリュフを買おうと思えば、必死に探し回る必要はない。オリバー・チャンや、並み居る彼のライバルに連絡するだけで済む。彼のトリュフは、中国の雲南省や四川省の山岳地帯で採れる。彼にはハンターや栽培農家のネットワークがあり、採集されたトリュフは村の取りまとめ役が買い取って県の業者に託す。県の業者は、その中から質のよいものを選んで地区の業者に託す。そして地区の業者が雲南省の省都、昆明にあるチャンの工場に運ぶ。だが、とりわけ生産量の多い村とは、直接やりとりをしている。

チャンが扱っているのは、ウルバーニのスキャンダルの火種となった2種類のトリュフ（Tuber indicum と Tuber himalayensis）だが、顧客の手に渡るもののうち約95％は価格が格段に安い indicum のほうだ。2016年8月から2017年3月までの間に、およそ6・5トンをドイツ、フランス、日本、アメリカの会社に卸した。ひとたびEU圏内に入れば、他の加盟国へ自由に運ぶことができる。貨物は中国から30時間以内にヨーロッパに、ニューヨークやロサンゼルスには2～5日で到着する。1999年以降、チャンは200トン以上のトリュフを売った。その内訳は80％がヨーロッパ、15％が日本、5％がアメリカとなっている。

最も売れる価格帯や大口の顧客名については、チャンは固く口を閉ざしている。現在ウルバーニと取引しているか（あるいは過去に取引をしていたか）と聞かれても、首を振るばかりだ。中国では、チャンのライバルたちもヨーロッパやアメリカに直接出荷している。

さんざん揉めた揚げ句にウルバーニと決別したあとも、サフィーナはトリュフビジネスを続けていた。いまはダ・ロザーリオ・オーガニックという会社を経営し、アメリカ国内では数少ない農務省認定のトリュフオイルなどを取り扱っている。トリュフ市場において、偽装は依然として横行している、とサフィーナは言う。とりわけオイル、ソース、バターなどの加工品に多い。そしてウルバーニは、不正表示や産地偽装などを行う多くの会社のひとつに過ぎない（その数は大手だけでも35社前後だとサフィーナは見積もっている）。「彼らは世界一のペテン師で、人工的で、偽物の、完全に違法の商品を作っています」。サフィーナの競合相手のトリュフオイルには、トリュフが含まれていない。代わりにビス（メチルチオ）メタンという合成化学物質で作られている。そうした物質を提供しているのは、国際的な医薬品メーカーであるメルク社の傘下にあるシグマアルドリッチなどの化学薬品会社だ。

「ＦＤＡ（食品医薬品局）は静観しているだけです。それくらい小さなビジネスなんです」とサフィーナは嘆く。実際ＦＤＡでは、金額も食材としての価値も大幅に異なるにもかかわらず、トリュフを品種で区別していない。缶詰のトリュフに対する現行のラベリング基準は、「トリュフの実」だけだ。この件についてサフィーナが質問したＦＤＡの職員は、トリュフの不正表示で大きな問題があることは知っていると認めたものの、取り締まりの強化は「病人か死人が出るまで」行われないという。「ＦＤＡは問題が起きてからでないと対処しません。先手を打って対策を取るのは、医療用具、医療機器、薬物といった規制品目だけです」

差し当たり、ラベルや原材料名の表示を注意深く読むしか予防策はないが、ディーン＆デルーカやホールフーズ、その他の独立系高級食材店を含む小売店では、わざわざそこまで手間はかけない。「みんな、それぞれに責任があります。結局はお金の問題なんです。誰がいちばん得をするか」とサフィーナは指摘する。きちんとしたメーカーは使用しているトリュフの学名を記す。賢い消費者は、「トリュフエッセンス」や「トリュフ香料」といった曖昧な表記のものを避ける。その製品には高級なキノコではなく、ビス（メチルチオ）メタンなどの合成香料が使用されている可能性が高いからだ。「とにかくラベルをよく見て、原材料名をチェックすれば、『これは一体、何なんだ?』と思うはずです」。ウルバーニの白トリュフオイルの原材料は、実際のトリュフが「0・1%」で、「香料」が使用されている。価格は8・40ユーロだが、原価はおそらく0・10ユーロほどだろう。

アメリカで流通しているトリュフバターのほとんどは、テキサス州の同じ工場で製造され、原材料も同じものが使われている。サフィーナが説明する。「オリーブと、ウマミプロテイン抽出物とあります。ウマミプロテイン抽出物って何だ?　と思われるでしょう。実は煮込んだ骨、髄液、脳などが含まれているんです」。テキサスのバター工場にトリュフは納入されていない。トリュフバターのロット番号はすべて同じだ。「こうした安易な方法が採られているのは、この国に基準がなく、誰もトリュフについて知らないからです。シェフであれば処罰を免れるのは難しいですが、小売業界では簡単です。通常、消費者も店のオーナーも表示を読んだりしませんから」

工夫を凝らして作られたはずの製品で偽装がこれほど横行していることについて、これまで多くの人に話を聞いてきたが、サフィーナも同じ意見だった。「ヨーロッパのトリュフビジネスは、そもそも違法行為からスタートしました。そうですよね?　トリュフを採って、それを業者に持ち込んで、現金取引の交渉をする。領収書はない。それはいまも変わっていません。違法行為から始まって、皆がそれに慣れてしまえば、次に始める人も同じようにする。それで成功している人がいるんですから。重さを誤魔化したって大したことじゃない。トリュフに色をつけたからって大したことじゃない。ラベルや原材料名の表示が実際とは違っても大したことじゃない。そうやって次々と偽装が生じるんです」

現在のビジネスパートナーは、1980年代後半にウルバーニで出会ったイタリア人の食品科学者、サンドロ・セベーリだ。サフィーナもセベーリも、ウルバーニの倫理や品質規格に失望して辞めた。「冗談でよく言っていたんです。サンドロがあの会社にいたのは、あの缶詰で作ったものを食べて病人が出ないようにするためだったと。本人曰く、『僕の仕事はボツリヌス中毒症を予防することだ』と。ウルバーニは、病人が出なければ缶に何が入ってようと構わなかった。そして年々、見栄えのいいラベルをデザインすることに金をかけるようになっていった」。サンドロは現在もウルバーニの倉庫の近くで暮らし、地元の行きつけの店で昔の上司に出くわすが、笑顔で挨拶しているという。「彼らのやり方は気に入らなくても、知っている相手には笑顔で接する。それがイタリア人の礼儀作法なのです」。サフィーナはそう言った。

再び一緒に仕事をすると決めたときには、ふたりとも、ようやく心から誇れるトリュフ製品を作れることに興奮を隠しきれなかった。使用するトリュフは、アメリカ農務省からオーガニック認定を受けたウンブリア州の小規模農園のもので、その多くはオリーブ畑のそばにある。オイルの抽出はセベーリが真空抽出法で行っている。この方法なら、可溶化油を使わずに表面から分子を取り除くことができる。

「ディナーパーティを開くとします。農務省の最高級格付のステーキ肉に、オーガニックポテトのローストを添えるのに、どうして安物のオイル……トリュフオイルとも呼びたくないような代物を買って、友人やゲストの皿にかける気になれますか？」

サフィーナにとって、それは人生の忘れてしまいたい一時期に戻るようなものだろう。

第Ⅴ部

料理・誘惑

トリュフは強力な媚薬ではないが、時に女性をやさしく、男性を愛に貪欲にさせることがある。

――ジャン・アンテルム・ブリア・サバラン『美味礼讃』（１８２５年）より

第11章 注文、輸送、調理

「シェフの中には、本物の〝プリマドンナ〟がいるの」。ドレスに高級ブランドのネックレスをつけたオルガ・ウルバーニは、私をさんざん待たせた揚げ句にそう言った。

「彼らは自分こそが世界の王だと思っている。『この私が誰か知らないのか』ってね。とんでもない、よく知っているわ。だけど、どうしてもトリュフがないときがある。でもトリュフがなかったらどうすればいいの？　工場で作ることなんてできない」。形のよい大きめの白トリュフ1キロを明日持ってきてほしい、といきなり電話をかけてくるシェフもいる。大きな白トリュフなど、ちっとも珍しいものではないと言わんばかりに。「これだけは神頼みだわ。出てくるのを祈るしかない。もしなければ、シェフは大声で怒鳴る。大嫌いよ、本当に嫌い、そういう人って。まったく信じられないわ……世の中には食べ物を満足に買えない人もいるっていうのに、1キロのトリュフがないからって怒鳴りつけるなんて。それでも、私たちはどうにか手に入れようとするのだけど」

彼女の２人の息子は１０００キロもの距離を車で飛ばし、大きな白トリュフを求めてハンターに会いに行くだろう。だが、値段が折り合わなければ交渉は成立しない。運よく手に入った場合でも、国外への出荷は輸送手段や費用の問題で、大手のトリュフ会社にとっても利ザヤが小さい。フレッシュの白トリュフは5日で食材としての魅力がほぼ失われる。黒トリュフもせいぜい10日が限度だ。つまり、入荷と同時に出荷しなければならない。

アメリカに輸送されるトリュフは、アイスボックスに入れて貨物機に積み込まれる。飛行機がジョン・F・ケネディ国際空港に到着すると、検査場で農務省の担当官により15分の検査を受ける。そしてバンやトラックで空港から搬出され、数時間後には配送用に梱包される。マンハッタン、ロサンゼルス、サンフランシスコで、厨房の裏口まで直接運んでもらうために、ウルバーニは配達人に料金を支払う。

サバティーノのフェデリーコ・バレストラは、一部のシェフとの張りつめた関係を説明するのに、まさしくオルガ・ウルバーニと同じ「プリマドンナ」という言葉を用いた。１９９０年代後半にアメリカ市場に参入した当時、販売や配達で顔を合わせたシェフに比べれば、著名な顧客（オプラ、セリーヌ・ディオン、ジミー・キンメル、それに購入前に実物を見たいとフロリダからニューヨークまで飛んでくる金持ち）などかわいいものだ。バレストラは言う。「シェフというのは何でも教えたがる。週にせいぜい200~300グラム程度しか扱わないのに、なぜ専門家のふりができるのか。われわれは毎週毎週、何百キロと目にしているんだ。知識という点では間違いなく向こうが劣る」

バレストラによると、商品について彼が受け取るコメントの99%は間違ったものだという。マンハッタンで横柄な態度のシェフにトリュフを売ったときのことは、いまでも覚えている。そのシェフは、白トリュフのひとつに赤い葉脈があるのを見つけて「ゴミ」だと言い張った。だが実際には、赤い葉脈は松の木のそばで育ったトリュフに現われる。「イタリアでこのトリュフを見つけたら、通常よりも高く売れる。香りが比べものにならないんだ」

経営者の座に就く前、プランタンのクリストフ・ポロンは父エルベに代わってトリュフを売り、マンハッタンのレストランの裏口から裏口へと届ける毎日を送っていた。1998年、21歳のときに移転してくると、彼はたちまちマンハッタン中のシェフの間で確固たる評判を築いた。最初の顧客は、世界的に有名なフランス料理のシェフ、ダニエル・ブリューが経営する美食の殿堂〈ダニエル〉だった。当時厨房で指揮を執っていたのはアレックス・リー。知名度では劣るものの、ブリューと同じくらい才能のあるシェフだ。あるとき、大規模なパーティを任されたリーはトリュフを250個注文した。1個当たり20グラム、価格にすると4500ドル（現在の7000ドルに相当）の大口注文だ。「小ぶりだが、形のよい素晴らしいトリュフだった」とポロンは振り返った。それを機にプランタンのアメリカでの事業が軌道に乗り始め、当時〈ベリタス〉で腕を振るっていたスコット・ブライアンに「トリュフボーイ」と呼ばれるようになった。当初は自宅のアパートを拠点にしていたものの、ポロンは事業をアメリカ法人として登録した。

毎朝、シェフが好きなものを選べるようにと、ポロンはフレッシュトリュフを山のように抱えてアパートを出た。それを持ってバスや地下鉄に乗ると、嗅ぎ慣れないにおいに騒ぎとなった。『汚れた靴下のにおいがする』と言われたこともある」とポロンは振り返る。世界貿易センタービルが崩壊した直後には、「ガス臭いぞ。あの箱には爆弾が入っているんじゃないか」と疑われたこともあった。配達を繰り返すうちに顔見知りになった駐車係はポロンに警告した。駐車している車から怪しいにおいがしたらFBIに通報するようお達しが来るのも時間の問題だぞ、と。

ある冬の日、空港から車で直接マンハッタンへ向かったときのこと。配達を終えて駐車スペースに戻ってみると、車が消えていた。戸惑いながら、凍りついた歩道を歩き回ったが、どこにも見当たらない。25キロの黒冬トリュフを積んでいたことを思い出して、パロンは真っ青になって捜した。

2週間後、警察から電話があった。「車が見つかりましたよ。中にあった現金もそのままです」。車はポロンが捜していた場所から1ブロック離れたところにあった。もともと停めた場所に。そう、盗まれたのではなかったのだ。「運よく2週間ずっと雪が降っていたおかげで、トリュフは大丈夫だった」。父親からは「何てばかなことをやっているんだ」と電話で叱られ、配達スケジュールの遅れで迷惑を被った顧客のシェフたちには、いまだにあのときの話を蒸し返される。

幸いにも、ポロンは配達中に盗難被害に遭ったことはなかったが、心配するだけの理由はあった。ちょうどその頃、フランスのマルセイユ空港の貨物置場で、ニューヨークのポロンに宛てて送られるはずのトリュフが盗まれたのだ。「30キロ程度だったが、猛烈に腹が立った。他ならぬ自分の30キロだったから。おかげで、顧客に売るだけの量を確保できなかった」

犯人が誰にせよ（荷物運搬係が疑わしかったが）、しばらくして地中海沿岸の超高級リゾート地として有名なバール県東部のレストランに、ひとりの男がそのトリュフを売り込みに現われた。シェフが見たときには、トリュフはプランタンのロゴ入りの箱に入ったままだった。「犯人はあまり賢い奴ではなかった」とポロンは言う。マルセイユでプランタンのトリュフが盗まれたという噂は、地元のトリュフ業者の間に広まっていた。ちょうどそのとき、たまたまライバル業者が厨房にいて、シェフに耳打ちした。「気をつけたほうがいい。盗難品だ」。レストランの従業員がこっそり憲兵隊に通報したが、犯人は何かがおかしいと気づいて逃げた。

アメリカのシェフは、レストランの裏口で気鋭の若手業者からトリュフを買うことは、めったに、あるいはまったくなかった。ナパでミシュランの星つきレストラン〈ラ・トーク〉を経営し、おそらくアメリカ国内で修業したシェフでは最もトリュフ使用歴が長いケン・フランクは、蒸気や熱のこもった厨房で、年上のフランス人シェフたちが意味ありげに「トリュフ」という言葉を口にしていたのを覚えている。トリュフ（あるいはその類のキノコ）に初めて出合ったのは、その後、カリフォルニア州パサディナの高級フレンチレストランで退屈な重労働をしていたときだった。1974年のことだったが、その頃でも有名なフランス人シェフが経営する店に届くのは缶入りのトリュフだった。「フランスにいれば、フレッシュトリュフが手に入るんだが」とボスは悔しがった。「見たら驚くぞ」。ちょうどアメリカの食文化が形成されてきた時代で、まだエシャロットや野生のキノコにはなじみが薄く、フランスで暮らしていたか修行をしていたシェフ以外は、ほとんど扱っていなかった。ほどなく、フランクはフレッシュトリュフに取り憑かれる。

アメリカでシェフという職業が注目され始めた1970年代半ば、フランクは大学を中退してシェフになることを決意した。この時期に南カリフォルニアで熱意のあるシェフが修行できる唯一の場所は、伝統的なフランス料理店だった。そこでは、常に堅苦しい雰囲気のなか、常に同じ料理が提供され、厨房でも常に同じルールが運用されていた。だが、他のレストランよりはましだった。「当時のイタリア料理店は、もっぱらスパゲッティとミートボールを作っていた」とフランクは振り返る。何軒かの修行先では、トリュフを用いるレシピで小さな黒オリーブを代用していた。「ただ黒いというだけで、十分似ていた」。ニューポートビーチでしばらく働いたのち、彼はフランス料理界の高飛車な因習を打ち破ることを夢見るようになった。

1976年、フランクは21歳でサンセット・ストリップの〈ラ・ギロチン〉の料理長に就いた。そこではエシャロットやポロネギなどの食材は自分で採集し、本物のディジョンマスタードを使っていた。ドライトマトやシェリービネガーも流行り始めていた。それでも、フレッシュトリュフを扱う業者は見つからなかった。「いまでは当たり前のように手に入るものも、当時は出始めたばかりだった」。フランクは新鮮な材料を自らの料理スタイルの基本とし、メイン料理には完璧に調理した採れたての野菜を必ず4種類使うことにした。とりわけ1970年代には、この手法によってライバルたちに差をつけた。ロサンゼルス・タイムズ紙の料理評論家、ロイス・ドワンは、ロサンゼルスで最高のフランス料理店の一軒にフランクの店を挙げた。それ以外のレストランは、ほとんどがフランス人の経営だった。次々と客が訪れ、彼の名声はうなぎ上りになる。いささか調子に乗ったフランクは、他のシェフが使っている食材（「生」と表示された冷凍魚など）を悪く言い始めた。その遠慮のない発言から、すぐに「恐るべき子ども（アンファン・テリブル）」とあだ名がついた。〈ラ・ギロチン〉のオーナーが価格を上げてテーブル数を増やすとフランクは店を辞め、ビバリーヒルズの〈クラブ・エリゼ〉の料理長に就任した。

時は1978年、彼はロサンゼルスで最も有名なフレンチシェフのひとりとなっていたが、フランス料理で最も名の知れた食材とも言うべきフレッシュ黒トリュフは、垣間見たことすらなかった。一緒に働くフランス人シェフたちは、フレッシュトリュフのことを神話のように語った。「この部屋にトリュフがあれば、10メートル離れたところからでも香りでわかる」と言うシェフもいた。好奇心が頭をもたげ、どうしても使ってみたくなった。そんな折、サクラメントにダレル・コルティという名の卸売業者がいるとの噂を耳にした。兄弟で伝説的なワインと食材の店を経営し、イタリアから直接フレッシュトリュフを輸入しているという。フランクはすぐさま連絡を取った。ちょうど従兄弟の結婚式でサクラメント近くのチコへ行く予定があった。途中で寄って、トリュフ500グラムを受け取れないだろうか。彼はサクラメントへ飛び、レンタカーを借りて、まっすぐコルティ兄弟の店へ向かった。トリュフが大好きで、イタリア赤ワインのバローロをこよなく愛するイタリア人のコルティは、やはりフランクにとっては初となるカリフォルニアのソーヴィニヨンブランも売ってくれた。カリフォルニアのワイン市場が高騰する数年前のことだ（それ以降、コルティは「料理界のインディ・ジョーンズ」と呼ばれている）。

チコにある叔母エイビスの家に着くと、フランクは早速、初のトリュフ料理に挑戦した。同僚から、卵と一緒に入れて密閉しておくと香りが移ると聞いていたので、そのとおりにして、ひと晩冷蔵庫で寝かせた。翌朝、フランクは初めてのトリュフ体験に心を躍らせて起きた。トリュフオムレツを作り、フォークですくった瞬間、「何も考えられなくなった」。フランス人の同僚が言っていたことは嘘ではなかった。まさしく魔法だった。

残りのトリュフをロサンゼルスの厨房に持ち帰り、いくつかのメニューに使い始めた。いまとなっては、何の上にのせたのかも覚えていない。というのも、トリュフは他のどの食材よりも大事だと、ほとんど瞬間的に悟ったからだ。詳細を記憶するのは、ローマ教皇と面会して彼の靴を回想するようなものだ。「あれ以来、毎シーズン欠かさずフレッシュ黒トリュフを買うようになった。いまでも大好きな食材だ。あんなものは他にはないからね」

1979年、また別のレストランで働いたのちに、フランクはロサンゼルスに自分の店を構えた。移転前の〈ラ・トーク〉だ。映画監督のメル・ブルックスと俳優のジーン・ワイルダーが出資した。1981年、フランクは黒トリュフに夢中になるあまり、引退するまで毎年1月に、5品から成るトリュフ尽くしコースを提供すると心に決めた。当初は料理に削るだけで満足していたが、真の風味を引き出すためには、もう少し工夫と実験が必要だった。最初に成功したのは、ブリア・サバランというトリプルクリームのチーズとの組み合わせだった（現在もナパの〈ラ・トーク〉で出している）。初期のトリュフ尽くしコース（それぞれの料理に、シャトー・ムートン・ロートシルトの素晴らしいビンテージワインをグラスでペアリングした）では、釣り糸でブリアを3層にスライスし、すべてに細かく刻んだトリュフをのせてから元どおりに重ねた。「予想外の成功だった。あの繊細でクリーミーな牛乳のチーズは、いまでも驚くほど大量のトリュフの風味を染みこませるのにぴったりだと思っている」とフランクは言う。

最初の頃は、トリュフをコルティの仕入先から直接購入していた。それは偶然にもウルバーニだった。アメリカの事業がポール・ウルバーニからロザーリオ・サフィーナに引き継がれる以前のことだったが、やがてロサンゼルスに拠点を置く高級食材業者に切り替え、30年近くにわたって取引を続けている。その後、ロサンゼルス時代に知り合い、家業のトリュフビジネスを手伝うためにイタリアに帰国したシェフからも一部を買うようになった。「個人的に知っている相手からトリュフを仕入れるのが理想的だ。トリュフビジネスには胡散臭い部分も多く、トリュフの品質を本当に理解していない人間もいる。自分が本当に最高のものだけを扱っているのか、確かめる方法を知らない人間が。だが、それをきちんと理解している業者を知っていて、彼らのよい顧客になれば、とりわけ質のいいものを選んでくれる。そうすれば、結果的に自分のためにもなる。トリュフの出どころを隠すのは簡単だ。手間をかけなければ、そのぶん費用もかからない。２週間前、ひどいときには３週間前のトリュフを売っているところもある。買う側が気づかなければ、手に取ってしまうだろう」。フランクが取引をしたいと思うのは、家に招かれたことのある相手、家族の顔を知っている相手、信頼を置くことのできる相手だ。

これまでに、ウルバーニのフレッシュトリュフで問題が生じたことはない。今後も、困ったときには注文するつもりだ。サバティーノやプランタンにも注文したことがあるが、どちらも文句なしのトリュフだった。だが、トリュフオイルで利益をあげる会社には賛同しかねる。フランクはこう断言する。「トリュフオイルは、絶対に認めない。とにかく腹立たしい。あれはまがい物だ。まったく許しがたい。あんな商品を売る会社には我慢がならない。正直に商売をしていると言いながらオイルを売っているなど、ありえないよ。偽物だとわかっていて、金に目がくらんだんだ。粗悪なオリーブオイルに化学物質を加えて、原価は５セント程度。どれもにおいがきつすぎる。味覚がおかしくなるよ。化学物質のげっぷが一日中止まらない。より繊細な、それでいてはるかに豊かな本物のフレッシュトリュフの香りが楽しめなくなる。トリュフオイル味のポップコーンに舌が慣れてしまったら、私がとんでもないトリュフを使っていると思うだろう。実際には完璧主義で、金の許すかぎり最高のトリュフしか使わないというのに」

フランクの場合、トリュフは最も信頼を置く2社から仕入れているが、それでも厨房に届くと、〈ラ・トーク〉のスタッフは注意深く調べる。表面を見て、手触りを確かめる。においを嗅ぐ。スライスして味見する。刑務所の看守が囚人の身体検査をするように、あらゆる点を疑って見る。だが、残念ながらレストランでも偽装が行われることもある。中国産トリュフにトリュフオイルを吹きかけたものを出し、メニューには黒トリュフとしか書かれておらず、相応の価格を設定するシェフも少なくない、とフランクは指摘する。「中国産を使ってもおいしくはならない。もともと質がいいわけではないから」。値段が安いほど、裏で怪しい取引が行われている可能性は高い。低価格の料理では、本物のフレッシュトリュフの費用を賄えるはずもない。

卵やチーズとの相性のよさを発見して以来、フランクは数々の料理を考案した。その集中力と忍耐力は、さながら新たなセッションに挑むギタリストのようだった。サーモンに切れ目を入れ、そこにトリュフのスライスを挟み、鴨の脂を薄く塗った海藻で包んでから250度のオーブンで25分焼く。すると、サーモンの内側がピンク色のトリュフカスタードクリームのようになる。あるいは、仔牛のサーロインに細長く切ったトリュフを詰め、2日間かけて香りを移してからローストする……。

トリュフがどれだけ料理を格上げするかを説明するのは、「ほとんど不可能」だとフランクは語る。大皿料理にトリュフをひとつ加えただけで、バニラの香りでも土のような濃厚な香りに変化する。「トリュフには抗いがたい魅力がある。きわめて野生的なものが。心の奥底をわし掴みにするような。あの香りが脳のスイッチを入れる。すると、われわれ人間は、ある意味では豚と同じ反応をせずにはいられない」

フランクは、自分がようやくトリュフのスタート地点に立ったと思っている。目の前に広がるのは無限の可能性だ。「トリュフの風味化合物がきわめて揮発性が高いとわかったのは、つい最近のことだ。だから熱を加えすぎると、かえってよくない」。ナパという地で料理ができる幸運にも感謝している。ワイン醸造家や隠れた富裕層がトリュフを注文するのは、その華やかさよりも、食べるという経験を味わいたいからだ。ロサンゼルスでは、自分の姿をひけらかすために彼のレストランを訪れる有名人がいる。彼らはわざわざ楽しみを減ずるような要求（塩なし、油なし、砂糖なし）をしたり、豪華だから、あるいは高級だからという理由だけでクリスタル・シャンパンを注文したりする。そうした客が経験したいのは、料理の味ではなくステータスなのだ。

よほど熱心なワイン愛好家以外は、名だたる客がナパに集まっているとは思わないだろう。巨大なワインセラーと有り余るほどの収入がある人々が、毎年トリュフメニューを目当てにフランクの店に押しかけるのは、彼と同じようにトリュフをこよなく愛しているからだ。はっきりした理由はわからないが（大抵はトリュフシーズン中に、フランスの小さな集落やイタリアの村で過ごした休暇によって）彼らは心を奪われてしまった。「一部の人にとってはトリュフは見せびらかすためのものだが、私の客にとっては味わうためのものだ」とフランクは胸を張った。

食をテーマとした専門テレビ局フード・ネットワークが開局し、美食を世間に広め、経済的にゆとりのある人々がレストランで金を使い、旅行や友人のことを自慢するようになると、ポルシェを所有したり、NBAの試合でコートサイドの席を取ったりするのと同じ感覚で、突然トリュフを削るサービスを頼む客が現われるようになった。トリュフはクールだ。少なくとも、フード・ネットワークに出演するクールなシェフはそう言っていた。それから彼らの仲間、とりわけアルバについて黙っていられない連中もいた。バローロとか、白トリュフのタリアテッレとか。支払いはすべてヘッジファンドで運用した巨額の退職金。オプラが大好きだと言えば素晴らしいものだと認めなければならないのか。彼らがトリュフを好きなのは、キャビアや金箔と同じく高級で、それゆえ洗練されているからだ。彼らがトリュフを求めるのは、億万長者がオークションで途方もない値をつけるのと同じで、レストランでトリュフを注文すれば、未来の幸運に賭けているような気分になるからだ。それに、この強烈なにおいのするものが銀の皿にのせられて出てきたら、「インスタ映え」するのは間違いない。とにかく派手な連中だった。歩く風刺画。本当にサンドリーノのトリュフをトランプタワーのレストランで食べてもおかしくない人々。

ある意味では、ごく初期の頃は、そうした人々が野心家の夢を支えていた。野心を抱く者は、気まぐれでトリュフを注文したいが、そうした経済的リスクを冒すほどの余裕はなかった。トリュフのエッセンスが含まれていて、もっと安いものはないのか。ミシュランの星がない流行りのレストランでは、シェフがそうした欲望を敏感に嗅ぎ取り、低価格のメニューで収入を増やそうとした。トリュフオイルの明るい未来を信じ込もうとした。金と地位に目がくらんだ。気軽に手を出せる、それでいてお洒落なポテトフライやハンバーガーに満足して、野心的な美食家たちは食料品店でトリュフオイルを、そしてトリュフ塩、トリュフ味のポップコーンを買うようになった。そしてある日、限界質量に達すると、いよいよトリュフゲームへの扉が開く。ふいに野心家はきらびやかな世界に足を踏み入れ、新たな仕事のオファーを祝うためにフレッシュトリュフを削らせる。その結果、ケン・フランクの言うように、おそらく大いに失望した。そもそもこれは本物のトリュフなのか、と疑問を抱く。もちろん。それは彼らの味わったことのある唯一の本物のトリュフだ。かつて同じようにきらびやかな世界を目指し、なりふり構わなかった人物の手で毒されたトリュフだ。

２０１４年12月1日の夜、ピエモンテ州郊外の小さな町チェルベーレの平凡な道沿いに建つ、黄色い煉瓦と赤い鎧戸のファサードの質素な古い農家で、ジャン・ピエロ・ビバルダはレストランに続く室内のドアを閉め、鍵をかけた。いつものように彼が最後だった。といっても、仕事熱心なビバルダが暮らしていたのは、厨房の真上の部屋だったが。

翌朝には一番乗りでレストランに戻り、通用口を開ける。そこでは地元のトリュフハンターが列を作って待っている。バルバレスコ、サン・ロッコ・セーノ・デルビオ、ネイベといった小さな村々に囲まれたわずかな土地で採れた、ピエモンテ産の世界一の白トリュフを手にして。シーズン中にはビバルダは毎日、少なくとも1キロの白トリュフを使った。ピエモンテの伝統料理に白トリュフは欠かせなかったが、ハンターたちの「取り調べ」もビバルダの日課だった。サンドリーノ・ロマネッリの下請け仲介業者であるファビオも、持ってきたトリュフの品質についてビバルダと口論を繰り広げる。彼は決して傲慢な男ではなかったが、客に提供する白トリュフの産地や特徴には並々ならぬこだわりを持っていた。

ビバルダの経営のもと、〈アンティーカ・コローナ・レアーレ〉は最初は２００３年、２度目は２００９年にミシュランの二ツ星を獲得した。地元の食材の質に対する、彼の敬虔とも言うべき献身が認められたのだ。食材の中には、レストランの裏の畑で収穫されるものもある。最高級のアルバ産白トリュフを用いるのは、地元の丘陵や山で捕獲・採集された食材を生かしたピエモンテの伝統料理に敬意を表する意味合いもあった。

ビバルダの家は5世代にわたってレストランを切り盛りし、さまざまな形態をとりながら２００年近く続けてきた。ビバルダの曽祖父と祖父は、自ら山に入って、白トリュフ、カタツムリ、ポロネギ、山ガエル、川魚などの食材を集めた。20世紀初めには、イタリア国王ビットーリオ・エマヌエーレ3世が足繁く通うようになり、雉肉の白トリュフ添えを好んで注文した。だが、ビバルダの父レンツォの代になると、店はそれまでの輝きを失う。１９９４年には、地元の老人が集まってトランプをやるカフェのような佇まいとなり、レンツォは店を閉めようと考えた。だが、チェルベーレを出てパリの二ツ星レストランで修行をしていたビバルダは反対した。

彼は野心を胸に秘めていた。代々受け継いできた食材の質を維持する一方で、新たな道を模索した。地元の定番の食材に各地の特産品を組み合わせたのだ。リグーリア海の海老、シチリアのオリーブオイル、イランのキャビア。ダイニングルームも改装した。グラスをクリスタルに、ステンレスのカトラリーを銀製に替えた。床には赤いペルシャ絨毯を敷き、むき出しの煉瓦の壁には高価な絵画を飾った。スーツとネクタイを着用したウエーターを雇った。

そうした努力が実り、周囲には荒廃したアパートや寂れたピッツェリアがあるばかりだったが、それでもイタリアの上流階級の人々が集まるようになった。フィアットの元社長である故ジョバンニ・アニェッリや、フェラーリの元会長ルカ・ディ・モンテゼーモロも常連だった。ロバート・デ・ニーロやヒラリー・スワンク、ローリング・ストーンズのドラマーであるチャーリー・ワッツは、トリノから50分も回り道をして立ち寄った。

だが、ビバルダは完璧な料理の妨げになるとして、いかなる宣伝や称賛も拒んだ。自分の仕事は、夜明けとともに起き、畑で野菜を収穫することだと心得ていた。業者と会い、彼らが売り込む食材の詳細を聞き出すことだと。フランクと同じく、何よりも自身の食材の質に信頼を置いていた。だから毎朝いちばんに厨房に入ることにしているのだ。

2階の住居に上がると、ビバルダはぐったりしてドアを開けた。すると青白い顔の男が4人、リビングで彼を待ち構えていた。ビバルダが身構えるよりも早く、顔にこぶしが命中した。彼はやみくもに相手を突き飛ばしたが、背後から羽交い絞めにされ、椅子に座らされた。もがくビバルダに、容赦なくこぶしが飛んでくる。そして、とうとう絶縁テープで椅子に縛りつけられた。男たちは引き出しを漁り、腕時計を掴んだ。かと思うと階段を下り、厨房に入って目当てのものを捜し始めた。ピエモンテ産の白トリュフだ。トリュフはすぐに客に出せるように冷蔵庫に入っていた。彼らは8キロを残らずバッグに詰め、おまけにバローロやバルバレスコを頂戴すると、夜の闇に姿を消した。

その年のシーズンは、白トリュフが近年稀に見る豊作だった。おそらくそれが狙われた理由だろう。ビバルダは警察に被害届を出し、入院を余儀なくされた。トリュフ盗難事件のご多分に漏れず、犯人は捕まらなかった。

事件の1年後、私が世界で指折りの白トリュフのシェフに会うために〈アンティーカ・コローナ・レアーレ〉を訪ねると、シェフの厚意でランチをご馳走してもらうことになった。アシスタントの話では、私が食べ終えるまで、ビバルダは厨房で務めを果たしたいという。ちょうど裏口でハンターからトリュフを仕入れたところだった。

焼き立てのパンが運ばれてきた。マリーナ・コッピの2010年のバルベーラが注がれる。滑らかで濃い赤色、薔薇の香りがするが、私の肥えていない舌では、その味わいはうまく表現できない。2種類の新鮮な野菜、卵、生ハムに鮮やかな黄色のチーズソースがかけられた前菜が、あっという間に胃の中に収まる。小さな帽子の形をしたカッペレッティというパスタには、ホロホロ鳥の塩漬け肉が詰められていた。外側の皮の部分は弾力があり、中の具はやわらかく、まさに非の打ち所がなかった。

かつてユベントスで活躍した元スター選手がゆっくりと入ってきて、私からそう遠くないテーブルに座った。すると、真っ白なコックコートに身を包んだグレーの縮れ毛のビバルダが厨房から出てきて、小さなダイニングルームにいる客とひとりずつ握手して回った。町議会議員の立候補者のようなその様子は、とても1年前に強盗に襲われたばかりには見えなかった。

そして、待ちに待ったチーズ、卵、魚卵、白トリュフのスープの登場だ。ウエーターが大きなスプーンでかき混ぜると、スープは白から黄色に変わり、表面に浮かんだ白トリュフがひらひら揺れ動く。少しするとウエーターが戻ってきて、さらにトリュフを削ってくれた。灰色がかった白の薄いトリュフが、器の縁できつね色に焦げたチーズの塩気と見事に調和する。食べ終える頃には、白トリュフの真髄を口にしたような気分だった。

「トリュフは、私の厨房では、どんなときも押しも押されもせぬ主役です」。食事が終わると、私はビバルダとともにダイニングの手前の部屋に移動した。クロアチアの白トリュフはピエモンテ産に劣らないというサンドリーノ・ロマネッリの主張に、ビバルダは「ありえない」と真っ向から異を唱えた。その話を聞くなり断言する。「運よくアルバの白トリュフを味わう機会があれば、それほどのものは世界中のどこにもないとわかるはずです。私はアルバのトリュフを使っています」。だがビバルダはさらに話を進め、同じピエモンテ州でも地域によって大きな差があると主張した。「ピエモンテ産のトリュフはどれも同じだと言うのは、裁判で偽証をするようなものです」。とりわけ理想的なのは、バルバレスコ近郊の小さな地域だという。バルバレスコのブドウの木の根が、白トリュフにうってつけの土壌を生み出している、とビバルダは信じている。

「ロマネッリのような考えは、わが国の経済の足を引っ張る。ここの食事を楽しみに来る人々は、あらかじめ心に決めているんです。バルバレスコを飲んで、この地域のトリュフを食べようと。クロアチアでも、ウンブリアでも、トスカーナでもなく。そうした地域のトリュフを混ぜてしまえば、われわれの地元にとっては大きな痛手になる。こんなことを言うのは残念ですが、全員に行き渡るだけのトリュフはありません。だから、あらゆるところからわざわざ食べに来るんです。そしてドイツ、中国、アメリカの観光客が騙される。まったく嘆かわしいことだ」

産地を確認せずにアルバ産トリュフと宣伝するような業者やレストランには、憤りを隠さない。「ルイ・ヴィトンの財布を買うようなものです。業者が大量の偽物を購入して、それを本物として転売したら？　今日の市場が不正だと言うつもりはありません。でも、毎晩遅くまで起きていて、顔見知りのハンターが決められた地区で採集してくるのを待つ者もいれば、自分の買うトリュフがどこで採れたのか尋ねない者がいるのも事実です」

ハンターが明け方の採集から帰ってくると、ビバルダはひとつずつにおいを嗅いで、重さを量り、色を確かめる。白トリュフの色は、じゃがいもの皮の色よりも少し薄い。アルバ産トリュフは湿気を多く含むため、同じサイズでも他の地域のトリュフに比べると重くなる。信頼できるハンターがいなくなれば、レストランでトリュフ料理を出すのはやめようと決めている。ビバルダはきっぱりと言った。「顔見知りではない相手からは、絶対に買いません。それに、他人に購入を任せることもしません。ここは私の店です。トリュフを買うときには、ハンターに私の顔を見てほしい。自分が何を買うのか正確に知りたいし、知る必要があると思います」

最後に、強盗に襲われて入院した晩のことを尋ねてみると、ビバルダの口は重くなった。「抵抗しようとしたけれど、無駄でした」。そして、救出されるまでの経緯を淡々と語った。あたかも事件そのものが、お気に入りの調理器具を選ぶ程度の平凡な出来事だと言わんばかりに。あるいは、詳細に思い出せば、犯人に優越感を与えることになると考えているのかもしれない。トリュフを扱う人間として、ビバルダはトリュフが喜びと同時に苦しみも与え、両者は必ずしも同程度ではないということを理解しているようだった。その歪んだ共生関係を完全に受け入れていた。

第12章
スライス

ウルバーニを訪ねた日、昼食時間の直前に、私は近代的で広々としたガラス張りのトリュフアカデミーの階段をオルガの後について上った。ウンブリア州サンタナートリア・ディ・ナルコにあるウルバーニ・タルトゥーフィの工場に隣接する建物だ。本館から歩いてすぐの距離だが、オルガはブランドものの毛皮コートをはおっていた。一方の私は、擦り切れてボタンの取れかかったピーコートだ。アカデミーの内部は、家具も含めて、すべてが黒、白、シルバーで統一され、外の渓谷の緑が際立って見えた。世界中のシェフがここに来てトリュフ料理を作る、とオルガは説明した。言ってみれば、アカデミーは巨大なマーケティングツールだ。

誰かが2階のカーテンを引き、プロジェクターが用意された。女王然と振る舞うオルガにかしづいていると、何もかもが非現実的に見える。何人もの人間が周囲を漂うように移動して仕事をこなしているが、誰が何をしているのかはよくわからなかった。「3分で終わるわ。トリュフの流れを紹介するの。これを見ればウルバーニのすべてがわかる」とオルガは言った。ハリウッド作品並みの派手なマーケティング用動画が始まった。イタリアの土の中からマンハッタンの皿に至るまで、ウルバーニのトリュフが24時間かけてたどる経路を、標準的な構成で足早に紹介している。まずは犬を連れて歩くトリュフハンター、次に空を飛ぶ飛行機、バイクに飛び乗ってニューヨークのレストランまで届ける配達人、最後に料理の仕上げを行うシェフ。洗練されて効果的な印象を受ける。流れるような美しいプロセスだった。一部は故意に省略されているか、曖昧にされているにしても。

私たちは1階に下りて、開放的なキッチンに足を踏み入れた。カーテンが引かれたときと同じように、いつの間にか、フランチャコルタのベルルッキが注がれたフルートグラスを手にしていた。銀色のカウンターには、ウルバーニの各種トリュフソースが添えられた焼きたてのパンや高級クラッカーの皿が並んでいる。「これはまさに土の味がするわ」。黒トリュフのスプレッドが塗られたものを取ると、オルガが言った。カウンターの奥では、シェフが鍋の音を響かせながらランチの用意をしている。オルガは白トリュフのオードブルを指さして言った。「こっちはガスとニンニクの味」。私たちはしばらく無言で前菜を味わった。

私はインタビューよりも会話を続けようと必死だった。「博物館を見学できてよかったです。驚きましたよ。本当にあそこが……」。オルガが遮った。「いいことを思いついたわ。この方がどうしても知りたいというなら」。半ばアシスタントに、半ば私に向かって話している。「見せたい動画があるの。誰にも、誰にも見せたことがない。でも、この人は絶対に見るべきよ」

「本当ですか？」。私は息せき切って尋ねた。ジャーナリストとしての血が騒ぐ。「ここを出たら忘れて。でも、きっと役に立つはずよ……いま取ってくるから。だけど、絶対内緒よ。あなたに見せたことがばれたら殺されるわ」。そう言ってオルガは急いで部屋を出て、ノートパソコンを取りにオフィスへ向かった。

彼女がいない間に、私はウンブリア伝統のとろとろしたオムレツを味見した。「こうすると黒トリュフの味が引き立つんです」とシルビアが説明する。私は白トリュフを添えたクリーミーなカモッショドーロというチーズも味わった。部屋の中央では、スーツ姿のイタリア人ビジネスマン（起業家グループのメンバー）がブルーノの息子たちと談笑している。

オルガが分厚いパソコンを抱えて急ぎ足で戻ってきた。そして、並べられたシャンパングラスの後ろに場所を見つけ、カウンターの上にパソコンを置くと、赤い縁の眼鏡をかけて秘密の動画を探した。いつまでもキーボードやタッチパッドをいじっているのを見て、私の期待はしぼみかける。だが、ふいにオルガの表情が困惑から興奮に変わった。トリュフの皿越しに呼ばれ、私は彼女の横に腰を下ろした。オルガが「再生」をクリックする。

それは英語の字幕がついたイタリア語の短いドキュメンタリーで、彼女の「とんでもない友人」が制作したものだが、放送局には売れなかった。カメラは法を犯して夜の森に入るトリュフハンターを追っている。「画面はずっと暗いままよ」とオルガが言う。インタビュアーに対して、夜間の採集は禁止されていると告げる警察官のひとりは密猟グループのメンバーだった。「とんでもない世界でしょう」。オルガは画面から目をそらさずに言う。

彼女は私がハンターの違法行為を見て満足すると思っていたようだが、私はそれよりもオルガが〝ゲスト出演〟していることが気になった。彼女の友人はトリュフハンターが法を犯していることに焦点を当て、オルガの発言を引用して、ハンター間の競争が激しい理由を証明していた。白トリュフは稀少だが、世界的な需要は高いため、できるかぎりスロベニアやハンガリーから買わざるをえない、と。その言葉を、オルガは友人に何気なく漏らしたのだろう。だが私にとっては、世界トップのトリュフ会社で行われている不正行為の動かぬ証拠に他ならなかった。毛皮のコートを着た社長が、自らそれを私に示したのだ。ついうっかりか、ひょっとしたら、この程度なら大丈夫だろうと高をくくっていたのかもしれない。

あとでウルバーニの商品をオンラインで確認したところ、白トリュフはイタリア産の通常価格（500グラム当たり3200ドル）で売られており、東欧産である可能性については一切記されていなかった。偽品種を売った父パオロに比べれば大胆不敵な犯罪ではないものの、このような一種の産地偽装も法的な責任は追及される。東欧産の白トリュフについて、ウェブサイトに産地を表示しないのかと質問してみると、オルガは確答を避けた。彼女からのメールには、「請求書には産地表記が義務づけられています」と記されていた。しかし請求書は購入後に発行されるものであり、たとえ気づいたとしても、産地に関する情報は明らかに役に立たない。

動画の最後に流れるクレジットを見ながら、オルガは友人がトリュフ業界の違法行為を誇張していると指摘した。「必ずしもこれが事実だとは断言できないわ。こんな話はめったに耳にしないもの。毎日、毒を見ることなんてありえない。話を面白くするために大げさにしているだけよ」。世界で最も影響力のあるトリュフ会社の経営者として、オルガはサプライチェーンの露骨な問題を是正する義務や責任には特に関心を示さなかった。

私たちはダイニングカウンターに戻った。席に着くと、ほどなく熱々のタリオリーニが運ばれてきた。バター、パルメザン、ブイヨンであえたパスタに、白トリュフがこれでもかというくらいトッピングされている。オルガはカウンターに置いてあった木製のスライサーを手にすると、大きな白トリュフを取って、私の皿の上でさらに削った。

オルガは白トリュフ中毒を自称している。「私にとってはドラッグと同じなの。すっかり夢中よ」。そう言ったのは、工場で白トリュフの山を目の前にしたときだった。会議室では「愛しているわ」とまで言い、息子が買いつけた0・5キロの不格好なトリュフを見つめて「ああ、何て美しいのかしら」と感嘆の声をあげた。男性スタッフは、傷つけられやしないかとヒヤヒヤして、できれば触ってほしくない様子だったが、オルガは我慢できなかった。「完璧だわ」と、あたかもダビデ像の足首を撫でているかのようにつぶやいた。

オルガは削りに削り、やがて明るい黄色のパスタがベージュの薄片の層に埋もれて、ほとんど見えなくなった。「ウルバーニに来た思い出に」。そう言いながら、さらに削り続ける。それから自分のグリンピースのスープの器に向き直り、同じように白トリュフの分厚い層で覆った。パスタの茹で加減は、見事なアルデンテだった。シンプルなイタリア伝統料理のソースがうま味と溶け合い、白トリュフの断片は（アルバ産であれ、スロベニア産かハンガリー産であれ）その形のまま、土の中から取り出されたばかりのような味がした。噛むたびに、舌触りと塩加減の絶妙なバランスとあいまって、えも言われぬ喜びが生み出された。沈黙と、無意識に喉から漏れる声という形で。

それは不安や心配を取り除いてくれる喜びだった。自分のいる場所を忘れてしまうような。暴力も、個人的な裏切りも、偽装も、犬の毒殺も、盗難も。トリュフが私の皿に届くまでに加担するすべての悪行を忘れる。そもそも自分がなぜ関心を持っているのかも。あえて他の方向を見ていたのかもしれない。けれども本当は、その美しい瞬間、美しい心の状態で、そもそも見ることを忘れていたのだ。

食べ終えると、私はＮＡＳの捜査官に会うためにローマへ発たなければならなかった。「残念だわ。まだ食べてもらいたいものがたくさんあるのに」。オルガはそう言って、今後もできるかぎり協力すると約束した。「ホテルを探すときには、遠慮なく電話して。先のことはわからないけれど、イタリア国内を旅している間は、私たちのことを家族だと思って」

互いの頬にキスをして抱き合ってから、私は雨の中に出た。ワイパーを動かしつつ、ウルバーニの私道を下って谷間の道に出る間、過去に対するオルガの説明を認めざるをえない心境になってきた。施設を案内してもらうとき、あるいは、あの悪名高い女性と食事をする際に、想像していたような嫌悪感を覚えることはなかった。むしろ、もっと長く滞在したかったと思った。何とも原始的な誘惑だった。白トリュフの風味が私を捕らえて離さないせいで、オルガの性格や、道徳的行為の境界線について考え直さずにはいられなかった。束の間、トリュフは私をもうひとつの宇宙に引きずり込んだ。そこでは、真実や美徳よりも香りが大切だった。

いささか恐怖を感じつつも、ほとんどの人間はトリュフの力に対して無防備だと気づいた。それどころか、トリュフの闇の世界において、私たちは最も協力的な共犯者だ。ひとたびあの香りを嗅ぐだけで、犯罪捜査が不可能な野蛮な自我が解き放たれる。私たちは快楽の犯罪者となり、闇の世界の繁栄に手を貸すのだ。

それにしても、業界の犠牲者はなぜ消えてなくならないのか。数多の危険や犯罪にもかかわらず、紆余曲折したサプライチェーンのどこかに留まったままでいる。なぜなら多くの場合、それが自分自身の一部となってしまったからだ。トリュフビジネスでは、正直者は金持ちにはなれないが、兄弟愛、家族、歴史、伝統との結びつきが生じる。稀少な存在に触れることができる。解けない謎、特殊な才能を示す機会が与えられる。犬に対する愛、狩りや冒険に対する愛、森の静寂に対する愛が生まれる。夜明け前や日が暮れた後に宝探しに没頭する人々との関係が生じる。この上なく難解な交渉や、怪しげな仲間との接触に対する興奮が生じる。そして言うまでもなく、トリュフそのものが手に入る。その異質な形、言葉にできない香り、えも言われぬ風味が。その味わいのあまりの奥深さに、人々が手痛く裏切られてもなおこの世界に留まる理由を、私はようやく理解した。

だが、最も大きな満足は、この先も語られることはないだろう。彼らは密やかな陰謀団の一員であり、悪がうごめく闇の世界にあえて身を置いている。毎年、秋から冬にかけて、何があろうと、この暗い地中に埋もれた喜びをダイニングルームの繊細な明かりのもとへ、何ひとつ知らない客のもとへ届けるために暗躍している。

謝辞

出版関係、通訳、コーディネーター、同僚、友人、家族、それに赤ん坊まで、本当に大勢の人がこの本を支えてくれた。彼らがいなければ、本書は存在しなかっただろう。

まずは、著作権代理人を引き受けてくれたデフィオール&カンパニーのキャシー・ハンジェンに心から感謝を捧げる。彼女は最初から、この物語は世に出すべきだと信じていた。惜しみない友情、意見、サポート、時にはセラピーのおかげで、この本ははるかに力強く、執筆作業はずっと楽になった。どんな問題が発生しようと、冷静かつ前向きな彼女に大いに励まされ、どうにか無事に最後まで書き上げることができた。私のアイデアを本という形にしてくれた恩は一生忘れない。

クラークソン・ポッターの編集者、フランシス・ラムにもありがとうと言いたい。このプロジェクトに可能性を見いだし、編集作業が完了するまで奮闘してくれた。おかげで自分でも考えなかったようなことを考え、原稿を書きたかった内容に近づけることができた。彼の忍耐、理解、職人気質は、作家が編集者に求めうるすべての美点だ。ドリス・クーパー、エリカ・ジェルバード、アメリア・ザルクマン、リディア・オブライエンをはじめ、本書の刊行に携わったクラークソン・ポッターとクラウン・パブリッシング、それにペンギン・ランダムハウスの数え切れないスタッフの絶え間ない努力、創造力、協力に感謝する。

調査報道ジャーナリストのロレンツォ・ボドレーロとチェチーリア・フェッラーラには深い敬意を表する。イタリアでコーディネーターおよび通訳を担当してくれ、私に見識を与えると同時に、大いに楽しませてもくれた。同じくフランス語通訳のエロディ・ブルジェ、コーディネーターのJ・P・ゴーティエにも。

オンラインマガジン「パシフィック・スタンダード」の友人や仲間には、企画、調査、執筆、改訂など、出版にまつわるすべての過程で自分勝手なアイデアを出して、長い間、戦々恐々とさせてしまった。よき友人のニコラス・ジャクソンには、ビールをおごらなければならない。彼が最初から最後まで励ましてくれたおかげで、フルタイムで雑誌の仕事をしながらも、このプロジェクトを完成させるための時間と余裕が生まれたのだから。それから同僚のマックス・アフバーグ、テッド・シャインマン、ケイト・ウィーリング、エレナ・グーレイ、ジェニファー・サーン、みんな退屈な出版話に付き合ってくれてありがとう。

アトランティック誌の編集者やかつての同僚たち、オルガ・カザン、ウリ・フリードマン、ジョン・グールド、ポール・ローゼンフィールド、サム・プライス・ウォルドマンも、国際的犯罪や陰謀についての奇想天外なアイデアをばかにすることなく、おかげで、そのうちのひとつがこの本につながった。

退屈な話といえば、私を人間としても作家としても成長させてくれた親友たちの存在も忘れるわけにはいかない。E・J・シュロス、スティーブン・ラヌス、クレイトン・ブレッドソー、マイケル・ウェイス、マックス・ヘッパーマン、ジャスティン・コーラー、アレックス・ベルイストロム、ドクター・トーマス・クリフォード、ドクター・ジャック・ドハティ、ローレン・カルドウェル、スローン・マクナルティ、ラビーン・レディ。

家族は寛大にも嫌な顔ひとつせず、それをいいことに私は長期間、このプロジェクトに取り組んできた。まずは父のパトリック・ジェイコブスに感謝する。執筆、ジャーナリズム、あまり仕事らしくないキャリアに四苦八苦する私をいつも応援してくれた。そしてキャシー・シトロン、キミ・マーフィー、トーマス・マーフィー、ジョン・リー、アーキミーディーズ・リー、ドクター・サンドラ・ファリコ、ロバート・ミラー、アビー・ミラー、ソフィー・ミラー、ジャネット・ファリコ、さらにブルースター一家。誰もがトリュフの激動の歴史に耳を傾け、いつでも私のやることを褒め称えてくれた。

そして誰よりも美しいわが妻、エミリー・ミラーに最大級の感謝を贈りたい。本書の企画を進める最中に、私たちは婚約し、結婚し、長女オリーブを授かった。妻は可能なかぎりの方法で私を支え、ハネムーンで訪れたタヒチのバンガローで私が原稿を仕上げるはめになっても、決して取り乱さずに落ち着いていた。記録的なカリフォルニアの山火事で、妊娠7カ月にもかかわらず、煙と灰の中でサンタバーバラの家を出なければならなかったときも、娘が生まれて数カ月の間、私が深夜まで推敲に追われていた間も（オリーブ、きみは覚えていないだろうが、きみもこの本の完成に一役も二役も買ってくれたよ）。トリュフ絡みの犯罪の話を来世の分まで聞かされたにもかかわらず、この本は苦労してても書く価値があると信じて疑わなかった。その間、人生で最も大事な出来事がいくつもあったというのに。これ以上賢く、辛抱強く、理解と思いやりと愛情にあふれたパートナー、家族など望むべくもない。きみとオリーブは私のすべてだ。

Agricultural Science and Research, vol. 3 (June 2013): 47-58.

242「47トン」"OF THE TRUFFA DEL TRUFFA DEL TRUFFA: BUY AT 36MILA LIRE AND RESELLED TO 700MILA. A BUSINESS OF 33 BILLION THE MAYOR OF SGHEGGINO (PERUGIA) DENIED," *Avvertenze*, March 2, 1998, avvertenze.aduc.it.

250「イタリアの全国紙コッリエーレ・デッラ・セーラの記事」Haver Flavio, "Arrestati i fratelli Urbani, re del tartfuo," *Corriere della Sera*, March 26, 2001, archivio.corriere.it; Giano, "Right Company," *Ora d'Aria*, April 30, 2010, oradarialibera.blogspot.com.

252「ウルバーニ・タルトゥーフィは（中略）民事訴訟を起こし」Wolff, "Urbani Truffles relinquishes name in U.S. legal settlement."

252「望んでいなかった」同上。

252「個別の声明」"Urbani Family Protects its Name in Suit With Former U.S. Distributor Rosario Epicureo Ltd.," *PRNewswire*, May 2003, prnewswire.com.

252「アメリカの事業は（中略）引き継がれた」Wolff, "Urbani Truffles relinquishes name in U.S. legal settlement."

252「ウルバーニはイタリア政府と和解し」同上。

253「CBSの『60ミニッツ』でレスリー・ストールのインタビューに答えるオルガ・ウルバーニ」Lesley Stahl, "Truffles: The Most Expensive Food in the World."

258「他の加盟国へ自由に運ぶことができる」"One market without borders," European Union, europa.eu.

第11章　注文、輸送、調理

265「フレッシュの白トリュフは5日で食材としての魅力がほぼ失われる」Rochelle Bilow, "So You've Got a Truffle? Cool. Here's How to Keep It Fresh," *Bon Appètit*, November 11, 2015, bonappetit.com.

270「価格を上げてテーブル数を増やすと」Colman Andrews, "Views and Reviews of a Los Angeles Chef," *New York Times*, January 28, 1981, nytimes.com.

271「料理界のインディ・ジョーンズ」Rick Kushman, "The Tastemaker," *Sactown Magazine*, April 2012, sactownmag.com.

272「1979年、また別のレストランで働いたのちに」Colman Andrews, "Views and Reviews of a Los Angeles Chef."

279「リグーリア海の海老、シチリアのオリーブオイル、イランのキャビア」"Tempo, Spazio, Gusto," Antica Corona Reale, anticacoronareale.com.

279「グラスをクリスタルに（中略）替えた」同上。

279「床には赤いペルシャ絨毯を敷き、むき出しの煉瓦の壁には高価な絵画を飾った」同上。

280「椅子に座らされた」"Fossano in manette autori di rapine furti e lesion," *IdeaWebTV*, March 17, 2015, ideawebtv.it.

280「絶縁テープで椅子に縛りつけられた」同上。

210「砂漠トリュフの一種」"Tuber oligospermum," *Trufamania*, trufamania.com.
215「税金詐欺が6600万ユーロにのぼる」"Sora vendita tartufi scoperta maxi frode fiscal da 66 millioni," *TG24*, February 20, 2017, tg24.info.
215「2018年には（中略）イタリア人が逮捕され」"Italian citizen fined by Turkey for smuggling truffle," *Hurriyet Daily News*, March 5, 2018, hurriyetdailynews.com; "Italian fined for trying to smuggle truffles out of Turkey," *The Local*, March 6, 2018, thelocal.it.

第９章　王国の隆盛

217「世間にその存在を印象づけた」Lesley Stahl, "Truffles: The Most Expensive Food in the World," *60 Minutes*, June 4, 2012, cbsnews.com.
218「父パオロを記念して」"Museo del Tartufo Urbani," *Tripadvisor*, tripadvisor.com.
219「コンスタンティーノ・ウルバーニ」"La famiglia Urbani," Urbani Tartufi, urbanitartufi.it.
220「カルペントラスでルソーの瓶詰の技術を学んだ」Nowak, *Truffle: A Global History*.
221「1946年になると、2代目社長」B.H. Fussell, "For the Gourmet, Trenton Truffles," *New York Times*, December 17, 1978, nytimes.com; M. D'Amato, "The Urbani Family From The Burg: Truffles," *Trenton Times*, August 27, 2001, mackstruckofwisdom.blogspot.com.
221「フランス産を使っていた」同上。
222「一族の事業について（中略）取材を受け」June Owen, "News of Food: Truffles," *New York Times*, February 13, 1951, nytimes.com.
222「1970年には、ニューヨーク・タイムズは（中略）スケッジーノまで送り」Craig Claiborne "Those 'Black Diamonds' Called Truffles," *New York Times*, November 19, 1970, nytimes.com.
223「ポールはマンハッタン市場への参入を果たし」Fussell, "For the Gourmet, Trenton Truffles."
227「あるイタリアのメディアに対して次のように語っている」"Urbani Tartufi," *Benyenuta ltalia*, benvenutaitalia.com.

第10章　王の裏切り

230「1946年以来ひたすら努力してきた売上拡大」Lisa Wolff, "Urbani Truffles relinquishes name in U.S. legal settlement," *Gourmet News*, 2003, siliconinvestor.com.
239「ニューヨークのキッチンが（中略）気づいたのは」Florence Fabricant, "The Invasion of the Chinese Truffle," *New York Times*, February 15, 1995, nytimes.com.
241「この頃には、冷凍製品や缶詰の国際市場への輸出によって」Nancy Harmon Jenkins, "White Truffle Fever Makes the Season Glow," *New York Times*, December 24, 1997, nytimes.com.
241「トリュフの輸出量が記録的に伸びる」Nicola Galluzo, "Italian Tree Cultivation and Its Commercial Trend in the European Union Market," *International Journal of*

"Hundreds of Deaths as Europe Struggles With Snow Amid an Intense Cold Snap," *New York Times*, February 5, 2012, nytimes.com.

第6章　毒

136「ガソリンが漏れないうちに」Andrew P. Collins, "I Set Two Cars On Fire Last Night, Here's What I Learned," *Jalopnik*, March 11, 2014, jalopnik.com.

141「2016年には、さらに19匹」Michele di Franco, "Ateleta strage di cani da tartufo: 19 avvelenamenti," *TeleAesse.it*, November 24, 2016, teleaesse.it.

143「トリュフ犬が毒物を口にした事件が少なくとも126件」"Mappa dei bocconi avvelenati," *Andare a Tartufi*, December 16, 2015, andareatartufi.com.

第7章　仲介業者

154「3億ユーロ」Judith Evenaar, "IWEMM8 in Cahors," The 8th International Workshop on Edible Mycorrhizal Mushrooms, 2016.

181「その半分以下の大きさのトリュフ2個が（中略）落札されている」"White truffles fetch $330,000 at auction."

181「100万ドルの値がつく」"Can 'Big Boy' the truffle rake in a cool million?" *CBS News*, December 5, 2014, cbsnews.com.

181「マンハッタンのサザビーズで行われたオークション」"Auction Results: World's Largest White Truffle," *Sotheby's*, December 6, 2014, sothebys.com.

189「2007年、パストローネが（中略）走っていた」John Hooper, "Halt! Your truffles or your life!" *The Guardian*, November 5, 2007, theguardian.com.

第8章　警察官と詐欺師

201「少なくとも7キロ（中略）販売していた」"Venduti come tartufi del piemonte provenivano da croazia e molise," *La Stampa*, February 23, 2014, lastampa.it.

201「特別ゲストとして招かれていた」"New Yorkers Turn Out for Annual White Truffle Extravaganza at SD26," *Downtown Magazine NYC*, downtownmagazinenyc.com.

202「2014年6月に開かれた公判では」"Il bianco d'alba in realta era coratoanche. Il tartufo va a processo," *La Nuova Provincia*, June 11, 2014, lanuovaprovincia.it.

202「2016年3月、裁判所は（中略）無罪を言い渡した」"Frode in commercio trifulau assolti," *Ansa Piedmont*, March 18, 2016, ansa.it; Daniela Peira, "Processo tartufi: imputati assolti," *La Nuova Provincia*, March 22, 2016, lanuovaprovincia.it.

206「生ハム6144本を押収した」Maria Teresa Improta, "Parmigiano contraffatto: l'ombra delle mafie nella Food Valley," *Parma Today,* December 26, 12, parmatoday.it.

206「『アグロマフィア（農業マフィア）』は（中略）270億ドルも稼いでいる」"IL BUSINESS DELLE AGROMAFIE AL SEMINARIO DELLA REGIONE VENETO CON INTERVENTO DEL PRESIDENTE Dr COLDIRETTI VERONA CLAUDIO VALENTE," *Coldiretti*, February 27, 2018, verona.coldiretti.it.

第4章　科学の謎

90 「長い金髪をポニーテールにした」Joan Rigdon, "Californians Claim To Unearth Secret Of Raising Truffles," *The Wall Street Journal*, March 25, 1994, joanrigdon.com.

91 「ピカールは（中略）独占しようと考えていた」Jeremy Iggers, "A new truffles crop grows at snail's pace," *Detroit Free Press*, August II, 1982, newspapers.com.

91 「1978年には（中略）74ページの本を書いている」François Picart, *Escargot from your garden to your table* (Self-published, 1978).

92 「豚が野生のトリュフを貪り食うのを見て育った」Wayne King, "Southwest Journal; A Passion in Truffles for Texas," *New York Times*, July 16, 1984, nytimes.com.

92 「黒トリュフの植菌技術の使用許可を得た」Eugenia Bone, *Mycophilia: Reyelations from the Weird World of Mushrooms* (New York: Rodale, 2011), 154-55. ／ユージニア・ボーン『マイコフィリア　きのこ愛好症――知られざるキノコの不思議世界』パイインターナショナル

92 「あちこちを調べて回った結果（中略）苗木を植えることにした」Victoria Loe, "Oh, You Beautiful Fungus!," *Texas Monthly*, August 1982.

93 「その収入で暮らすという計画」Rigdon, "Californians Claim To Unearth Secret Of Raising Truffles."

93 「4年後の1987年」同上。

94 「成長したウサギを土に埋めた」同上。

94 「ニューエイジのクリスタル」同上。

94 「3000本以上の苗木」King, "Southwest Journal; A Passion in Truffles for Texas."

94 「会社を畳んで」California Secretary of State Statement Filing for Agri-Truffle Inc., businessfilings.sos.ca.gov.

94 「兄の手がける（中略）フロリダ進出に携わった」Christophe Palierse, "Francois Picartl' autre Americain de la chaine de restauration," *Les Echos*, December 26, 2002, lesechos.fr.

95 「真菌種をこっそり林に持ちこみ（中略）壊滅に追いこんで」Alastair Bland, "Black Diamonds," *North Bay Bohemian*, December 3, 2008, metroactive.com.

95 「グライナーと新たな住人のダン・リーディング」Rigdon, "Californians Claim To Unearth Secret Of Raising Truffles."

96 「グライナーの生産量はフランスを超え」同上。

96 「2008年、グライナーは（中略）自宅でひとりで死んだ」Bland, "Black Diamonds" ; Chris Smith, "The dog's coming along, the truffles, too," *Santa Rosa Press Democrat*, April 15, 2008, pressdemocrat.com.

第5章　消えた犬

111 「ロシアからの冷たい風が東欧を吹き抜け」Angelique Chrisafis, "Heaviest snowfall in decades wreaks havoc across Europe," *The Guardian*, February 5, 2012, theguardian.com.

111 「例年とは異なる気象パターン」Sarah Maslin Nir and Elisabetta Povoledo,

62　「正真正銘のトリュフ栽培学校」*Revue des Deux Mondes.*

63　「辛抱強く、かつ工夫を凝らして」Wanneroy, "Truffe et Joseph Talon."

63　「タロンの成功の噂は（中略）オーギュスト・ルソーの耳に達した」*Revue des Deux Mondes.*

63　「時は1847年」Valserres, *Culture lucrative de la truffe par le reboisement.*

63　「ルソーが（中略）ピュイ・ドゥ・プランを訪れた際には」*Revue des Deux Mondes.*

64　「1853年に採れたトリュフ」同上。

64　「金賞に輝いた」M. de Gasparin, "XI. — Fruits Sees au Frais," *Exposition universelle de 1855: Rapports dujury mixte international*, vol. 1. (1856).

64　「パリの新聞記者たちは（中略）こぞって書き立てた」Valserres, *Culture lucrative de la truffe par le reboisement.*

64　「この商品は、私が（中略）収穫したものです」同上。

64　「これに驚いた（中略）ガスパリン伯爵」M. de Gasparin, "XI. — Fruits Sees au Frais."

65　「ルソーの豚が（中略）必死に走り回る」同上。

65　「家に帰った伯爵は」同上。

65　「報告書を提出した」Valserres, *Culture lucrative de la truffe par le reboisement.*

65　「1856年11月」同上。

66　「1869年に提出された報告書では」Henri Bonnet, *La truffe: Études sur les truffes comestibles* (Paris: A. Delabaye, 1869).

66　「私はここで生まれたんだ」*Revue des Deux Mondes.*

66　「フランスでは（中略）ブドウの葉が黄色くなり」Levi Gadye, "How The Great French Wine Blight Changed Grapes Forever," *io9*, March 17, 2015, io9.gizmodo.com.

66　「森林法であると知っていた」Bellone, *La truffe: Étude sur les truffes et les truffières.*

66　「南部の農民たちは敷地内に見張り塔を建て」"Rendons a Rousseau ce qui est a Rousseau," *Melano*, melano.free.fr.

66　「19世紀後半のある書物」Bellone, *La truffe: Étude sur les truffes et les truffières.*

67　「裕福な客が（中略）求めてレストランにやってきた」Baring-Gould, *Deserts of Southern France.*

68　「1895年には、タロンの栽培方法」Wanneroy, "Truffe et Joseph Talon."

68　「大きな要因となったのが、2度にわたる世界大戦である」S. Reyna-Domenech and S. Garcia-Barreda, "European Black Truffle: Its Potential Role in Agroforestry Development in the Marginal Lands of Mediterranean Calcareous Mountains," *Agroforestry in Europe: Current Status and Future Prospects*, (Springer, 2009).

68　「1970年代になって、フランスの科学者のグループが」Ian R. Hall, WangYun, and Antonella Amicucci, "Cultivation of Edible Ectomycorrhizal Mushrooms," *Trends in Biotechnology* 21, no.10 (October 2003): 433-38.

75　「イラリオン・タロン」*Revue des Deux Mondes.*

and Jean-Michel Verne, "Meurtrier pour une truffe," *Paris Match*, January 1, 2010, parismatch.com.

56 「監視されている」Laurent Chabrun, "La guerre de la truffe," *L'Express,* January 17, 2011, lexpress.fr.

56 「疑っていた」同上。

56 「精神病の心理状態」Georget and Verne, "Meurtrier pour une truffe."

57 「ジョゼフ・タロンという名の農夫」*Garden: An Illustrated Weekly Journal of Gardening in All Its Branches 9* (1876); *Sabine Baring-Gould, The Deserts of Southern France* (New York: Dodd, Mead, & Company, 1894); Jean-Marie Rocchia, *Truffles, the Black Diamond: And Other Kinds*, trans. Josephine Bacon (Avignon: Barthelemy, 1995); *Reyue des Deux Mondes* vol. 8 (1875); C. de Ferry de la Bellone, *La truffe: Étude sur les truffes et les truffières* (Paris: Baillière, 1888). ／私はタロンの発見およびその余波を実際に目にしたわけではないが、ここに挙げた現存する19世紀（とそれ以外）の資料、地元の歴史家2名へのインタビュー、クロアーニュと周辺地域の訪問、事実に基づいた推測により一連の出来事を再現した。

57 「古代アムル人が（中略）掘り続けて以来」Elinoar Shavit, "Truffles Roasting in the Evening Fires," *Medicinal Mushrooms* vol. 1:3 Special Issue (2008), 18-22.

58 「パンのかけら」Baring-Gould, *Deserts of Southern France.*

58 「オテル・デ・アメリケンやオテル・ドゥ・プロバンス」Jean Anthelme Brillat-Savarin, *The Physiology of Taste* (New York: Dover Publications, Inc., 2011). ／初版1825年刊行。ブリア＝サバラン『美味礼讃』岩波文庫

58 「食事はほとんど評判にならない」Brillat-Savarin, *The Physiology of Taste.*

58 「ヨーロッパの王族は昔からトリュフを味わってきた」Ian R. Hall, *Gordon Thomas Brown, Alessandra Zambonelli, Taming the Truffle: The History, Lore, and Science of the Ultimate Mushroom* (Portland, are.: Timber Press, 2007); Zachary Nowak, *Truffle: A Global History* (London: Reaktion Books, 2015). ／ザカリー・ノワク『トリュフの歴史』原書房

58 「トリュフが人々の食卓に浸透していることに気づいたパリの販売業者」Brillat-Savarin, *The Physiology of Taste.*

60 「雷から生まれたと考える者もいれば」Hall, Taming the Truffle; Elisabeth Luard, *Truffles* (London: Frances Lincoln, 2006).

60 「植物学者や科学者」Jacques de Valserres, *Culture lucrative de la truffe par le reboisement* (Paris: Librairie de la Societe des Gens de Lettres, 1874).

61 「同じジョゼフという名の従兄弟」Baring-Gould, *Deserts of Southern France.*

62 「列と列の間の土を耕し」Michel Wanneroy, "Truffe et Joseph Talon," *Archipal*, Issue 69 (2011).

62 「1820年には（中略）所有するまでになっていた」同上。

62 「フォントーブのベゾン」Adolphe Chatin, *La truffe: Botanique de la truffe et des plantes truffières, sol, climat, pays producteurs, composition chimique, culture, récolte, commerce, fraudes, qualités alimentaires, conserves, préparations culinaires* (Paris: J. B. Baillière, 1892).

le père des truffes du Ventoux," Produits du Terroir, December 26, 2017, produits-du-terroir.over-blog.com.
38 「2メートルを超える長身に110キロの巨体」Henry Samuel, "Death and intrigue in France's truffle wars," *The Telegraph*, May 30, 2015, telegraph.co.uk.
38 「その足を見たら」同上。
38 「昼間はパートタイム」同上。
41 「県の若手生産者の組合で代表を務め」Stèphane Blezy, "Procès du meurtre de la truffière de Grignan : suivez la 3e journée," *Le Dauphine*, May 28, 2015, ledauphine.com.
41 「ボランティアの消防団にも入っている」"Drôme : 8 ans de prison pour le trufficulteur tueur," *Europe 1*, May 29, 2015, europel.fr.
42 「ランボーは林で侵入者に出くわした」Blezy, "Procès du meurtre de la truffière de Grignan : suivez la 3e journée."
42 「別の日には」同上。
42 「やがて、一家は（中略）気づいた」"Les truffes de la discorde," *Le Parisien*, May 34, 2015, leparisien.fr.／同上。
42 「父に尋ねられ」Stephane Blezy, "Laurent Rambaud raconte la soireedu drame," May 29, 2015, ledauphine.com.
42 「ランボーは12口径の散弾銃を取り出して」"Drôme: Ernest Pardo tue pour des truffes," *Le Parisien*, May 26, 2015, leparisien.fr.
42 「銃にカートリッジを込めた」Blezy, "Laurent Rambaud raconte la soiree du drame."
42 「ランボーは驚いてとっさに身を屈め」同上。
43 「男はよろめいて倒れた」同上。
43 「シトロエンC15」Blezy, "Procès du meurtre de la truffière de Grignan : suivez la 3e journee."
43 「駆けつけた弟のドミニクの助けを借りて」同上。
43 「憲兵隊が来る前に」"Drôme: Ernest Pardo tue pour des truffes."
43 「パルドが野生のトリュフ狩りをしていたのは知っていた」Blezy, "Procès du meurtre de la truffière de Grignan : suivez la 3e journée."
45 「近年グリニャン一帯では」Samuel, "Death and intrigue in France's truffle wars."
45 「およそ300人」"Drôme : 8 ans de prison pour le trufficulteur tueur."
46 「犬のように殺されるいわれはない」同上。
47 「判決が下される5月29日」Blezy, "Procès du meurtre de la truffière de Grignan : suivez la 3e journée." All court testimony comes from this transcript.
48 「ランボーの2度に及ぶ発砲」同上。
48 「パルドの両親のために証言した男性」同上。
50 「サン・レスティテュのある生産者が（中略）語っている」Samuel, "Death and intrigue in France's truffle wars."

第３章　黄金の秘密

56 「生産者たちは、市場からの帰り道では（中略）思い込んでいた」Danièle Georget

注

ここに挙げる情報源は、私が直接取材したものではないが、それぞれのキーフレーズや発言は、少なくとも間接的に実在の人物に対するインタビューによって裏づけられている。本書では、できるかぎり出典を明らかにする方針のもとで、全章の該当部分を明記した。

第１章　黒いダイヤの盗賊

16 「1皿につき100ドル以上もの値段で」Ryan Sutton, “You'll Drop Mad Cash on Australian Truffles at Per Se,” *Eater New York*, June 11, 2014, ny.eater.com.

16 「パフ・ダディは（中略）と言い放ったという」Josh Ozersky, “White Truffles: Why They're Worth $2,000 a Pound,” *Time*, October 20, 2010, content.time.com.

16 「オプラ・ウィンフリーは（中略）頑として旅行に出発しない」Oprah Winfrey, “The Bucket-List Trip Oprah's Put Off for Years...Until Now,” *Oprah*, January 13, 2015, oprah.com.

16 「2010年、国際的なチャリティオークションにおいて」“White truffles fetch $330,000 at auction,” *The Guardian*, November 28, 2010, theguardian.com.

16 「1キロ当たりの卸売価格」“Consumi, tartufo schizza 6000 euro al kg, Massimo storico,” Coldiretti, November 5, 2017, coldiretti.it.

17 「失われた青春や昔の恋愛といったほろ苦い思い出」Ozersky, “White Truffles.”

18 「毎年トリュフのシーズンが始まる」フランス・リシュランシュ村にあるトリュフとワインの博物館（Musée de la Truffe et du Vin）の壁に書かれた文章より。

18 「1月の第3日曜日には」同上。

21 「西部のバート・ミュンスターアイフェル郊外で」David Crossland, “'Mushroom Mafia' Pillaging German Forests,” *Spiegel Online*, October 8, 2013, spiegel.de.

24 「『バチェラー』でのデートには欠かせず」Rodger Sherman, “'The Bachelor' Recap: Finding Love Is Harder Than Finding Truffles, Apparently,” *The Ringer*, February 12, 2018, theringer.com.

24 「マクドナルドは（中略）実験を行った」TasteTime, “McDonald's Truffle Mayo & Parmesan Loaded Fries,” *You Tube*, August, 29, 2017, youtube.com.

第２章　林の中の死体

33 「11世紀の石造りの壁」“Chateau de Grignan,” Office de Tourisme: Coeur de Drôme Provençale.

33 「ローマ瓦」“Grignan,” *Provence Web*, provenceweb.fr.

36 「世界的な評判にあやかろうと」Michael Reyne, “Auguste Rousseau (1808-1894),

■著者紹介

ライアン・ジェイコブズ（Ryan Jacobs）
ルポライターとしてアトランティック誌やマザー・ジョーンズ誌などに執筆するほか、パシフィック・スタンダード誌では副編集長を務め、率先して調査を行う。アトランティック誌では国際犯罪を取材し、とりわけフランス史上最悪のダイヤモンド強奪事件、国際炭素市場における詐欺事件、そしてトリュフ取引の暗部についての記事を発表した。ノースウエスタン大学メディル・ジャーナリズム学院卒業。@ryanj899

■訳者紹介

清水由貴子（しみず・ゆきこ）
上智大学外国語学部卒。翻訳家。訳書に『食べる世界地図』（エクスナレッジ）、『天才はディープ・プラクティスと1万時間の法則でつくられる』（パンローリング）、『七つの墓碑』（早川書房）など多数。

2020年7月3日 初版第1刷発行

フェニックスシリーズ106

トリュフの真相（しんそう）
——世界で最も高価なキノコ物語

著　者　ライアン・ジェイコブズ
訳　者　清水由貴子
発行者　後藤康徳
発行所　パンローリング株式会社
〒160-0023　東京都新宿区西新宿 7-9-18　6階
TEL 03-5386-7391　FAX 03-5386-7393
http://www.panrolling.com/
E-mail　info@panrolling.com
装　丁　パンローリング装丁室
印刷·製本　株式会社シナノ

ISBN978-4-7759-4231-4
落丁・乱丁本はお取り替えします。